Design with Hand Sketches:

Techniques for Effective Communication in Landscape Architecture

手绘，你 hold 住了吗？
——园林景观设计表达的观念与技巧

秦嘉远　著
Chin, Chia-Yuan

东南大学出版社 · 南京

序 一

　　自古以来，在中国的传统建造领域中，无论城市、寺院、坛庙，乃至于景观建筑方面，均能觉察出其整体规划的观念，以及典雅而合于人性的表现手法。这些，我们都不难从北京故宫、苏州园林以及保存良好的早期民居中得到印证。中国的园林建筑与景观设计，在世界建筑史上拥有崇高的地位。从上个世纪初，随着政治、经济与社会的进步，大家更关注园林景观的存在意义与根本价值，也因此加深了对设计理论、观念与技巧的探寻，除了机能与法规上的推敲外，在美学艺术与设计传达方面，也相应得到更多的重视与支持。事实上，欲成为一位景观建筑设计执行者，对客观的专业知识、项目所在地点的风土、文化等等，都应具备一定程度的理解与掌握；另外，更应具备高度成熟的艺术素养与表现功底，能够将心中的想法与观念，迅速有效地传达出来，供设计执行所运用。因此，许多出色成功的建筑或景观设计师，都具备独到的创意与杰出的绘画表现技法。

　　嘉远是一位才华洋溢的景观艺术家，本人于十多年前认识，当时他甫从东海大学景观研究所取得硕士学位，参加了国际景观建筑师联盟(IFLA)所举办的景观设计竞图，荣获设计组首奖。除了景观专业上的扎实用心，嘉远亦有家学渊源，具备深厚的水彩创作基础。本人于1999年创立"台湾国际水彩画协会"，该会是台湾第一个获得政府立案的国际艺术团体，所有会员均为一时之选。协会每年巡回于各国大城市举办国际水彩画大展。秦君之水彩创作，无论设色、用笔均具有其特色与代表性，尤精于风景写生，经评选推荐加入本会成为永久会员，年年参加各国之创作展出，作品颇获各方好评。

　　今年（2011年）由"国立"历史博物馆主办，本会协办之"台湾风情·印象100"水彩画大展，秦君作品再获入选之殊荣。嘉远现任职于老圃景观建筑工程咨询公司，担任设计总监，工作忙碌之余，历时五年撰写《手绘，你hold住了吗？——园林景观设计表达的观念与技巧》一书，将其近二十年的工作经验与心得贡献于园林景观界。本人钦佩之余乐为之序。

玄奘大学资讯传播学院院长

辅仁大学应用美术系系主任

"国立"台湾师范大学美术系教授

罗慧明

二〇一一年五月一日于台北

序 二

　　秦嘉远是位台湾景观设计师，接受的是美国模式的景观建筑学教育。他又出身美术世家，自小有绘画天赋，因此擅长于手绘景观表现图。他于新世纪初来大陆攻读博士学位。大陆高校的建筑与景观学专业的学生早已借助电脑技术，不肯在手绘上下工夫，因此，他这一专业特长在我的学生中就显出易于沟通与表达的优势。虽然现在数字技术发展很快，设计师一般可以通过专业绘图公司完成表现图，我还是赞成景观设计师要学习手绘技术，一方面，手绘能力的培养是设计师艺术审美修养的一部分；另一方面，手绘也是表达大脑设计思维的重要手段。它能紧跟思维的推进与跳跃，迅速地将意念与构想展现为空间形象。设计师借此检验设计意念与构想是否合理与可行，从而修正构想，再以手绘重新表现，如此反复多次，最终敲定设计方案。这里说的也就是景观设计草图的过程。当然，手绘草图本身并不要求图面的精致与色彩的丰富，但尺度与比例必须八九不离十。这是手绘能力的重要作用，没有哪一种先进的技术可以代替它。

　　当设计师要与业主沟通设计意图时，一张优秀的景观手绘表现图可以其灵动而富于生气的艺术性表现出设计项目的建成效果，而电脑表现图则在形象的真实性方面具有优势，例如电脑绘制者修养不够或不肯花大力气，则图面易陷于刻板与模式化，由于电脑表现图目前已成为独立的设计程序，由专门的公司承担，因此，又人为地在设计师与业主之间增加了一道沟通程序。两相比较，手绘表现图以其更直接更艺术化地表达设计意图而具有生命力。对建筑师与景观设计师而言，我以为景观设计师应更重视手绘表现能力的培养。

　　嘉远博士毕业后，又在上海从事了多年景观设计实践。最近，他将多年积累的手绘表现图整理成书，嘱我写篇序。他的这本书与当前市场上见到的表现技法类书有所不同，不单纯讲技法，还涉及设计过程的不同要求，分别从总平面设计到剖立面与形象的表现，细述其不同要求，配以不同的表现技法。我相信它对景观设计师会更有参考价值。

东南大学建筑学院教授

杜顺宝

二〇一一年六月十五日于南京

序 三

这是一本值得珍藏的景观设计表达专业工具书，原因是：

（一）这是一本全新的现代园林艺术表现手法专著

这是一本系统化地论述景观园林艺术表现手法的专著。本书对景观园林设计的表现技巧的论述，是从平面、立面、剖面到透视图表现等着手，提供了诸多层面的表现方法及要领。此书不仅为初学景观设计者提供了入门学习的指引，而且对于有经验、正在积极发展的专业人士而言，也是可以随时拈来的参考资料。对工作执行、知识累积与技术培养都会有所助益。

（二）艺术文化是有市场价值的

在中国大力建设的今天，园林景观专业方兴未艾、快速成长，专业艺术表现法对于设计者来说，有着相辅相成的意义。可以说，"成熟的景观设计作品，必须具备良好的艺术表现图面"。事实上，对设计而言，优秀的艺术表现，不仅可以为该设计方案增加说服力，更可以为团队争取更多、更好地服务社会的机会。因此，具有艺术文化魅力的表达技巧，无疑是有很高的市场价值的。

（三）从"熟能生巧"到"文以载道"

熟练的绘图技巧，经融会贯通而达到"意在笔随，从心所欲"的境界，这样的境界，是大家所向往的；如能在思想、主题上有更突出的表现，引领众生往真、善、美的方向迈进，为后世树立典范，这正是嘉远著述本书最根本的心愿！期许他和这本书能达成"文以载道"的终极目标。

（四）三十年的涵养

嘉远托我写序时告诉我，这本书他酝酿了十年，足见他严谨行事的风格。他的多方才华有其渊源，他自幼成长于父亲（秦仲璋先生）的画室，读书、学习直到取得博士学位，一直认真努力毫不懈怠，设计工作才得以与绘画创作相辅相成。似乎这三十年的努力，都浓缩在这本书内，我若说这本书值得珍藏，固然是时代发展所趋，可以供更多专业人士分享他多年积累的成果。于园林艺术的领域里，能在人才济济的中国，引领更多的青年学子喜好、深化，并培养良好的绘图技巧，为当代中国的环境改良创作出更多出彩、出色的作品，是吾辈所至盼。

（五）传承，可持续发展创新之道

我曾与素有"艺术涵养"的师辈请教"大师"之路，他们不约而同都会提出天分、健康、勤奋及师承（名师指导）的重要性。这四大因素中，"勤奋"是最能够被个人所掌握的了，而"勤奋"在工作当中所体现出来的就是俭朴、纪律、效率与责任感。一流的创意构想，仍必须透过孜孜不倦的努力与坚持，才能够创造出动人的产品。就像苹果电脑的企业成果，固然有着傲人的创意，但仍必须依托高效的执行与严明的纪律才终成正果。看着嘉远长时间积累的作品集结成书即将出版，深感欣慰！他一向秉持严谨负责的作风，重视团队合作的纪律，现有好书传承、永续创新，相信将会引领团队迈向更为精进美好的未来，在此一并祝福！

老圃（台湾）造园工程股份有限公司 董事长
老圃（上海）景观建筑工程咨询有限公司 总经理
蔡秀琼
二〇一一年六月一日于上海

目　录

序

图片目录

O 前　言

　　绘图表现是大多数设计工作必经的一个过程，在各种设计专业的培养系统中，它也被视为一个必要的学门。然而，随着各种表现媒材的开发和各种电子绘图软件的更新，从最基本的AutoCAD、Photoshop、CorelDRAW到SketchUp、3dsMax……，今天要想成为某一个设计领域的专业者，所必须具备与学习的基本技能，显然超过以往者甚多。相较于电脑指令"迅速确实"的学习效率，手绘表现就显得旷日费时且效果不彰。然而，手绘表现学习果真如此困难？是否已没有运用的价值？抑或是到了一种必须被设计专业淘汰的地步？

　　的确，以手握笔进行描绘是一种再古老不过的传达方式，自有人类开始，老祖宗便在沙地、岩壁上作画。从岩画的线条里不难看出，许多老祖宗对实体形式的掌握能力甚至远超越许多现代人。当然，在任何时代人群当中的手绘技巧还是具有明显的个体差异，不可否认，手绘能力的确是上天赋予万物之灵与生俱来的本能。它最古老也最直接，甚至比语言、文字的运用更为贴近个体本身，从表现媒材与艺术创作的关联性来看，只有与个体本能充分结合交融，多数艺术

图0-1　绘图表现方法的演进
从原始人的洞窟岩画到今天的数位图像媒材的差异巨大，但是基本绘图的逻辑与观念仍值得参考借鉴

与美感的创造力,才有机会被充分地激发出来。因此,即便我们发展出了许多更时尚先进的表达媒材与方法,手绘传达仍然是一种必须培养的基本能力;就像现实环境中,虽然早已充满了汽车、火车、轻轨、船艇、飞机……,我们却没有因此而放弃用双脚走路是一样的。

0.1　目的与价值观

前联合国教科文组织理事长梅尔(Federico Mayor)曾以"我们的环境缺乏协调与创意,艺术与美学在生活中付之阙如,暴力与乖张因而乘虚而入"。作为第三十届年会中(1999年11月《美学艺术教育宣言》的开端,借以说明美学艺术对于人类的重要性。他也同时强调"创造力是人类凌驾万物的关键,也是我们的希望之所在"。景观学与景观专业的主要任务,无非就是要创造、保留与维持美好的环境事物,以满足人类生存发展之所需。而绘图表现正是美学艺术领域中最直接也最核心的培养手段之一;因此,透过手绘表现的练习来蓄积厚实的空间设计能力应是刻不容缓。

受到世界潮流的影响,现今的景观教学方式朝向全球化与多元化发展,使得景观设计不论是在理论的基础、创意思维的发挥或是美学技巧的表现上更为丰富与多元;实务方面,由于资讯与商业化之影响,加上公共部门在城市规划和营建法规的落实、城乡风貌的塑造、生态工法的推广等等,使得操作技术上也渐渐呈现不同于以往的多样风格。然而,原创的本质未曾更改。一般而言,**模仿→抽象化和几何化→强化**是大多数艺术创作的三段典型过程。事实上,这也正是推动整个艺术文明的脉动。创作者往往凭借着直觉便知道应该如何去完成任务,他们仿佛能够迅速地从大自然当中,撷选出极具情绪和美学威力的形象元素,催化或应用于作品表现当中(参考图0-2、图0-3)。

就规划设计而言,景观的创造虽不完全等同于传统上认知的艺术作品,但是不可否认,多数的景观设计图或实际建成的成果,都一定程度地具有艺术创作的含量。景观设计的工作内容,基本上也是一种环境空间的创造与表达,无论是山林旷野、都市绿地、邻里公园或社区景园,景观设计师都会透过语言、文字、图面、模型甚至动画,来传达自己对于"空间表现"的企图。因此,如果说"设计就是表现",其实并不为过。

学习手绘表现确实不如电脑绘图那般"立竿见影",但正因为如此,能够掌握一手赏心悦目的设计草图,足以彰显设计者的基本素养与专业积淀。事实上,手绘表现的价值并不仅仅局限于实质设计的运用,更大的一部分在于它是设计者品位与鉴赏力培养的重要过程。常可以听到有人这么说:"设计图画得好看,建起来不一定漂亮。"这样的说法无可厚非,但是它只说明了一小部分,还有更

图0-2　天然景观湍瀑钢笔表现图

图0-3　人工景观落水钢笔表现图
对照于上图,不难看出本图中人造几何形体的混凝土管俨然模仿着天然溪床中的大小块石,以抽象的形式出现,格外具有戏剧化的张力

大的一部分应该是"如果设计图画出来就感觉很丑怪,那基本上就完全没有机会盖出亮丽的作品"。更贴切地说,"想以丑怪的设计图却造出美丽的作品,这无疑是设计师的悲哀!"因为,这是施工者彻底修改了设计师的作品,而且该设计师的品位与审美能力,尚在工匠之下。当然,如果是"Turnkey"的作业方式(设计与施工一贯作业的操作方法)产生上述的情况,则其原因多半是设计师(作业者)不善于前置的计划作业,而更习于在实作中"边做边改"。如此的操作方式通常只局限于较小的工程项目。严格来说,这种人并不能算是一个专业的设计者,他更接近于一个具有一定品位的施工人员。我无意贬低施工者的价值,只是更大程度地强调设计师的使命与责任,毕竟设计的目的在于指导施工的内容,在工程施作的过程中难免有部分的调整与变更,但是终究应该以不偏离原始设计意图为原则才是。因此,设计表现的优劣应该取决于能否理想而充分地诠释设计意图。

设计表现惯常被认为是技术含量较高的一门操作技能,在多数情况下,它确实需要长时间的浸淫与反复的练习。就笔者教学与参与实务工作的经验来看,多数设计者在手绘表现的学习过程中,仅仅停留在固定套路的效仿与临摹,鲜少能够达到融会贯通的境界。一般设计师对于曾经画过或设计过的类似事物,在着手表现方面,可以应付自如,但是遇到崭新的事物,也就是从前未曾设计或表现过的内容,出手的表现就显得生疏稚嫩,前后判若两人。何以出现如此巨大程度的差异?归根结底,实在是多数设计者终究无法将表现的原理与目的彻底弄明白,只知其然却不知其所以然,仅仅是照本宣科依葫芦画瓢。如此,设计能力极大程度地受到表现技法的束缚,创造力自然不容易淋漓尽致地发挥。笔者借由自身过去教学及实际参与景观设计工作的经验,汇整出各阶段设计图面表达的要领与范例,期望对有志学习或从事设计工作的朋友提供些许帮助。

0.2 设计表现的运用与其关联性

根据景观设计实务操作的程序来看,任何园林景观项目的发展与推进,基本都是遵循着七个程序进行,即1.立向规划→2.概念设计→3.方案设计→4.初步设计→5.绘制施工图→6.现场施工配合→7.竣工后维护管理。对于设计师来说,每阶段自有其所应扮演的角色。从立项阶段到方案设计,透过许多图示思考的辅助,能够清晰地将空间环境定位,感性传达设计主题的内容,并进一步勾勒出配置的雏形。当然,在规划阶段许多的法规原则必须遵守,像是建蔽率、容积率、消防法规、河川法、土地使用规定、环境影响评估、绿覆率、荷载等等,这些刚性的规章让设计工作看似十分刻板,然而,在融通了这些规章之后,在求得均衡而具有创意的理想布局时,仍是需要很多的抽象概念与感性思考的综合能量,而这些能量往往是在手绘思考中,不经意地爆发出来的;而在初步设计的过程中,更是进一步将方案设计的成果加以扩大延伸,所有构思的立面效果、收边收头、装饰点缀等等,都必须在这个阶段加以琢磨并呈现出来。电脑数位化之后,大量绘图的工作借助AutoCAD、Photoshop等软件加以完成,但是许多设计调整的草稿以及讨论时的沟通,手绘传达仍是被公认最普遍最有效率的工具;绘制施工图阶段必须结合许多结构、机电等相关专业共同完成,这阶段手绘的工作已大多被AutoCAD取代,唯独在检核校对的时候以手绘方式进行,通常系在输出的白图上圈注调整的部分,或是将更正的想法或建议直接描绘于图纸上的空白地方,然后再交由制图人员进行更正和优化;到了现场施工配合阶段,经常需要与承包厂商或施工人员当面沟通,除了图纸上的讨论和设计调整的重新制图之外,即时的现场表达是不可或缺的,设计师必须经常至工程现场,与工程人员沟通交流,方能将设计想法确实贯彻。事实上,一个成熟设计师的培养,工程现场的交流经验是不可或缺的,而诸如此类的沟通,往往是借由一根树枝或一块碎砖头,在地上或在墙上完成的;再就工程完竣后的维护管理阶段而言,看似没有设计师的工作,然而,反复跟踪自己设计施工完成的作品,一旦发现情况,适时提醒业主加以调整、预防或修正,是巩固客户的不二法门,有人说"项目一经委托就是一辈子的责任",竣工虽说是一个老项目的结束,却可能正是下一个新项目的开端。认真对待每一个自己所投入的作品,是任何一个成功设计师的基本素质。

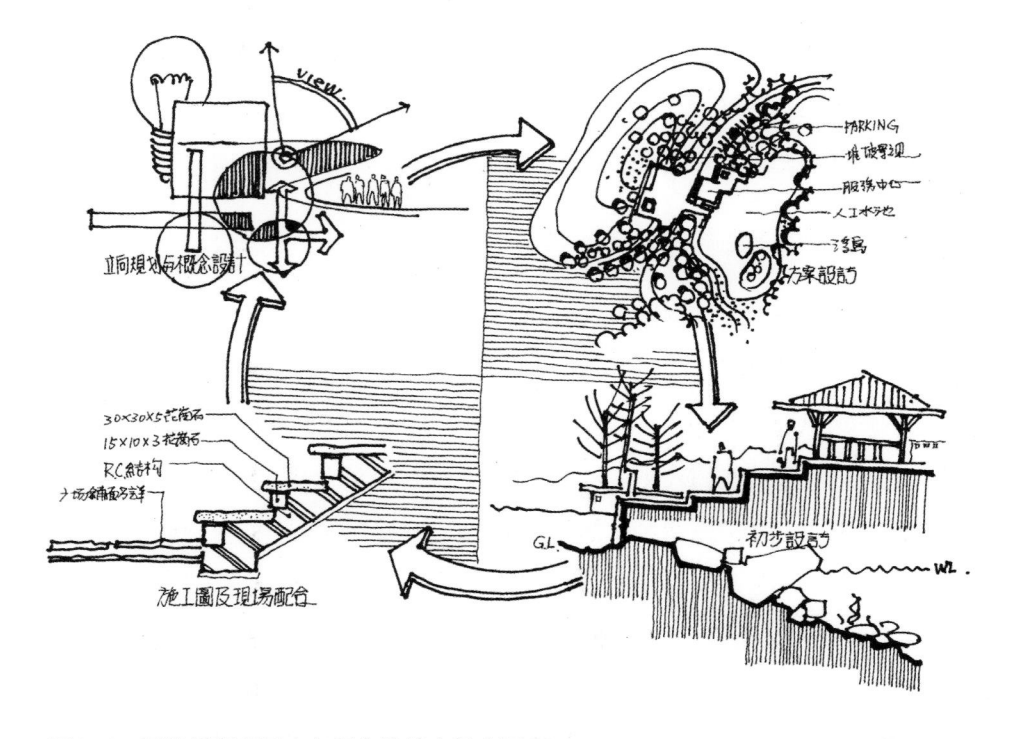

图0-4　园林景观项目实务操作的基本程序图

所以无论如何，一个好的设计构想，通常因为造型比例恰当、布局合适、空间丰富、有趣等因素，往往特别易于在图面上精彩地表现出来；相反的，明显错误或设计拙劣的构思，如果单单想借表现技法来加以掩饰，其结果常是欲盖弥彰。严格说来，景观专业所涵盖的知识领域宽广，几乎所有的学科知识，或多或少都与景观有关联性，表现技法仅是其中较为显著的学科之一。

0.3 常见的表现误区

在学习绘画表现法之前，除了调整合适的学习态度之外，更重要的是对于自己过去既有的一些表现观念，作一个全盘的检视，去芜存菁。如果有些不合理或不合适的观念，即应改变调整，因为错误的积习，必然会造成学习新观念和好技术的障碍。就像是学习一项运动技能，如果坚持曾经养成的错误习惯，将永远不可能成为上乘的选手。这么说听起来有点武断，但是现实情况的确如此，我在学校、画室和办公室，见过太多拥有错误习惯的学生或朋友，他们画图表现都十分努力认真，但是获得的成果却十分有限。我仔细观察过他们的作品和作图习惯，发现他们都存在许多根本上的错误和盲区却不自知。有鉴于此，笔者根据过去工作与教学的经验，归纳出以下十点常见且至关重要的错误观念供读者自我检视与衡量。

（1）过分注重色彩与质感的描绘而忽略空间结构的掌握

这么说并不意味着色彩与质感不重要，而是强调在从事设计表现的时候，优先掌握空间结构（透视关系）是迈向专业表现的不二法门。尽管在美术绘画领域中，有部分人将错误的透视解读为"率性的拙趣"，而事实上，"不为"与"不会"存在巨大差异。在绘画艺术当中所谓"率性的拙趣"仍必须是在控制中刻意营造，绝不可能仅仅是失控的偶然效果，作品呈现出一种瑕不掩瑜的特质，如此可以被解释为一种匠意的拙趣；但是，如果作品完全失去章法而显现出一种脱序的形态，还硬要解释为具有拙趣就太过牵强。何况空间感对于景观设计表现而言，属于必须传达的第一要务，因此在绘制表现图之前，即应先行将空间透视感抓准；物体相对关系摆放正确；画面构图合适并能够充分说明设计意图，再行着墨其他的次要重点。

（2）近景、中景与远景细致度及彩度不分，造成空间感混淆

在真实的世界中，就观赏者而言，越是近处的景物总是越鲜明清晰；反之则越是混浊模糊。然而许多初学表现的朋友在绘制图面的时候，可能贪图省事，在处理不同景深的相同事物时，却采取相同的颜色和笔触，造成了景深错乱，空间感混淆，十分可惜。为了充分区分远、中、近景的空间感，通常透过颜色彩度及明度的变化是较容易也较为全面的做法。一般来说，相同的物体在画面场景中，

彩度与明度随距离的加大而逐渐降低。乍听之下这似乎十分复杂,但是做起来其实并不困难,只需要在表现的时候,将画面涉及的场景区分两到三个层次便已足够。

（3）忽略观赏距离的条件因素,导致许多费时费力的琐碎描绘,效果不彰

在设计汇报的时候,不论是贴挂大图或是以PPT、PDF电子档案演示,一般观赏距离都不会少于4米,因此在表现的时候应该针对4米左右能够识别感受到的线条、色彩与质感加以描绘。从更深刻的角度来说,先解决大课题,再处理小细节,如此循序渐进便可以依实际需要和时间条件作最合适的取舍。最怕的就是本末倒置,单单注意质感和细节的刻描,忽略了整体性的大局要素,致使事倍而功半。

（4）只注重设计元素或构造物的描绘,忽略背景(天空、远山等远景)与点景(人物、车辆等共识性尺度的元素)的影响力

这一点是许多设计专业者的局限。就像学建筑专业的人擅长表现结构、体量;学景观专业的人擅长表现树木、花草;学服装设计专业的人擅长表现人体

图0-5　能力相对全面的景观师需要掌握各种事物的基本表达能力

及布料；一般专业人士对有关主业领域内的要素都十分擅长，但是对于非本身专业的内容（其他的表现题材），就显得贫乏与生疏，如果能够吸收一部分其他领域的专长，将极可能突破自我的局限。常规园林景观设计的表现工作，看似仅仅植物、土石、山水而已，事实上，少了点景元素，不仅画面呆板枯燥，也欠缺彻底说明设计内容的条件，只有加上人物、车辆等元素，方能彻底说明空间的尺度与设施物的功能用法等；再者，根据项目的性质和主题，表现的内容更可能千变万化，例如商业空间、动物园、主题乐园等的景观设计，几乎可以说是无所不包。所以要想成为一个能力相对全面的景观设计师，掌握各种事物的基本表达（表现）能力还是有其必要性的。

（5）忽略图文并茂的重要性（特别是针对平面图及剖立面图而言）

设计表现图的呈现中，文字内容与排布是不可或缺的，无论图面画得多么精彩，如果缺少合适的文字标注，将大大的减低图面的说服力与专业性，只有图文并茂才是表现的理想境界。至于如何才能算得上标注合适，这得根据图面的种类、深度、大小、设计单位及个人的习惯等多方面因素而定。除了字体形式、大小之外，如何运用引线、图例等，也都是图面传达时应认真考虑的因素。

（6）未能把时间（晨昏）、季相与气候条件纳入表现的基调

设计时，某些空间主要提供给使用者于下班、下课的时间段里利用，则设计师直接针对傍晚时分的景象加以诠释是最合适的选择。另外，由于许多园林景观的元素具有生命运行与消长的特质，因此，在不同的季节里将出现极大的景象差异，这样的差异必须能够在设计阶段充分考虑，并适当地反映在设计的成果表现当中，方能够反映景观设计与其他空间设计（如建筑或室内设计）的差异。试想，在立面图中如果将所有乔木表现得苍郁盎然，灌木花草也满眼艳丽，独将一排银杏树描绘得金黄耀眼，这会立刻反映出设计师对于植物季相欠缺掌握的软肋。

（7）仅有公式化的色彩概念，彻底扼杀了美感的追求与艺术的灵性

在许多设计事务所里，为了能更有效率地完成设计表现工作，经常将各种设计元素根据马克笔的编号做成系统的规范。初级设计师只要按照编号上色，便能够准确无误地达到交差的要求。这样的做法，从公司运营角度来看是挺便利的，也或许能达到设计的基本表现成果；但是从长期的设计师培养，及追求更高标准的设计传达，则是非常不利的。因为在这样的系统制约下，久而久之设计师便不用头脑思考，只凭记忆和表单干活。这造成很多人坚定地相信乔木必然是深绿色；地被或草地绝对是浅绿色；天空和水保证是浅蓝色；马路车道横竖是灰色等等。像这样的成见在绘画艺术领域被视为大忌，因为这种符号性的表现手法只能算是一种拙劣的"死知识"，缺乏逻辑推理的科学性与浪漫想象的创

造性。不客气地说，一个只能掌握固定"死手法"的表现者，绝不可能成为具有高度创造力的设计师。说到底，物体的色彩究竟该如何决定？这是一个宏大的课题，它必须回归到仔细观察、用心思考、小心求证和创意想象的推敲过程里，方能决选出合适的色彩，正所谓"万物无恒色"。

（8）对于线稿与色稿运用的认知不足，导致互用转换上的不理想

很多人认为彩色图面就是把钢笔（或代针笔）画好的线条表现图，着上颜色就行了。听起来一点都不错，然而真实的情况是，这种方式只能算是应急变通的方法；真正理想的图面表达方式是线条归线条，而色彩另归色彩，并不能完全"直接加工转换"。如果偷懒想要直接转换，经常会发生钢笔线条过多，导致色彩表现无法突显的弊端。严谨地说，钢笔（或代针笔）描绘的强度，一定程度上取决于上色的媒材与计划上彩的程度。如果完全不打算上彩的图面，就必须完整地以钢笔线条加以诠释。设计师在决定线条表现的强度时，并不是以二分法来区隔（即上色或不上色），笼统地说，色彩越强线条越少；反之色彩越薄，线条表现的需求就越高。

（9）上色的时候，仅仅关注颜色的种类，忽略了其他条件的配合

颜色固然是色彩表现中相当重要的一环，但却不是唯一的要素，色块的形状与表达的笔触同样牵动着整体展现的效果。真实的情况是颜色的把握也许是最简单的部分，特别是运用马克笔或色铅笔等媒材，只要记清楚色号，就不至于出错。而色块形状和笔触质感就十分难以控制了。这需要一定的素描基础，特别是光影明暗的逻辑，加上艺术感官的经验，还有手上技巧的稳定与熟练，才能够在出手的瞬间"全面兼顾"。这有点像是钢琴演奏，弹对正确的琴键（音高）固然十分重要，但是节拍和强弱同样影响着演奏的品质。

（10）未能掌握留白与虚白的技巧，使画面缺乏灵气与想象空间

我们常听到人说，佛家的最高境界是"忘言"，也就是无声胜有声；而表现法的至高境界就是"留白"，简言之就是不画胜有画。当然，所谓的"忘言"和"留白"都不可能是随意为之。留白从本质上来看，可以区分为两种情况：一种是功能上的留白；另一种则是艺术性的留白，艺术性的留白也被称之为"虚白"。在物体发亮或反光的地方加以留白处理，就是功能意义上的留白；而为了诠释意境，丰富想象力的留白处理，则可谓艺术性的虚白。功能留白的目的十分明确，艺术境界的把握则需要一定的体悟与修行。所有美术表现的作品都强调"画面必须要有重点"，也就是主从的区别，如果在图面处理中主从不分，将无法引导读者进入创作者（设计师）的思路，甚至还可能混淆工作的重点。

一般来说，上述的十种"不良习性"如果发现自己只触犯两三点，其余都在掌握之中，那么恭喜你已能避开多数学习者常触犯的误区；但是如果你感觉自

己仅仅有两三点能够勉强克服,那你确实有必要在绘画表现的基本原理、原则上多下点功夫,对之重新熟悉,否则,无论你多么努力练习都不容易达成预期的成果。

　　为了不使本书的内容流于教条理论,在接下来的章节里,将根据设计过程的操作顺序:构想分析、平面配置、立剖面图、示意图、剖面示意图等,透过大量实际案例的表现操作成果,探讨绘画艺术与设计专业的融通方式与应用诀窍。相信通过阅读本书,能够让原本拙于表现的朋友,战胜自我,重拾信心;也让原本擅长设计表现的朋友,激荡出更多的灵感,并掌握更多的设计表现思路。

1 从构想分析图谈起

构想创意是一切设计工作的核心价值所在,有了好的构想当然必须借助合适的媒材和表达方式,才有机会充分传达设计的意图;而利用图面传达通常是最普遍、经济,也最有效率的沟通方式。理想的图面表达技巧,经常会在不知不觉中,协助设计师完成构想与创意阶段的酝酿。所谓的"图式思考"就是这个道理,边画边想,边想边画,许多令人激赏的设计构想就在设计师的脑海与笔尖当中萌生。本章节将针对园林景观空间规划设计的酝酿过程,谈一谈构想分析图的绘制与表达。

1.1 区块与动线共同考虑

在绘制构想图时,分区色块与动线同时考虑,并配合适当的符号表达方式。构想分析图的传达重点在于能够迅速直观地将空间概念传达给视图者。活动空间与交通动线是景观空间设计中最明显也最直接影响设计内容的关键要素。因此,在绘制构想图的时候,除了环境基本条件(如:既有建筑物、鱼塘、市政道路……)之外,应优先将活动空间的区块和基本交通行为动线明确下来,这将会是一个较为简单、易于操作的方法;空间与动线确定之后,再适当增加一些关键的节点、缓冲区及文字说明,即可以初具构想图的雏形。

以上所言仅仅是绘制构想图的技术操作程序,事实上,要想完成一张合适的构想表现图,必须拥有客观的机能布局和某些具有创造力的想法,这才是确保概念精彩呈现的不二法门。

有关区块的形状和动线的形式考虑,除了客观的环境限制、法令规定及功能需要,最能突显设计价值的部分就是主题创意,而这些创意源自于各方面的灵感和文化上的感动。设计师首先必须寻找到能够感动自己的元素,再将这些打动自己的元素转化成具体的形式或符号呈现出来。这些呈现结果,有时候可以打动别人,因此获得成功;当然也有可能因为无法引起共鸣而宣告失败。

以下便先透过几张实际项目操作的案例图示(图1-1至图1-3),说明构想图表现的程序重点与基本要领。

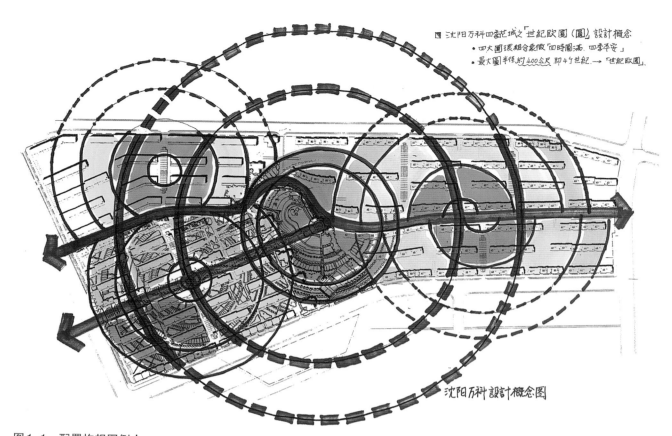

图1-1　配置构想图例 I
环形动线与块状分区共同考虑，色彩相互衬托并达成一定之调和

图1-2　配置构想图例 II
横向动线与块状分区相互配合与协调，可以将具有亮点的主题空间彻底烘托出来

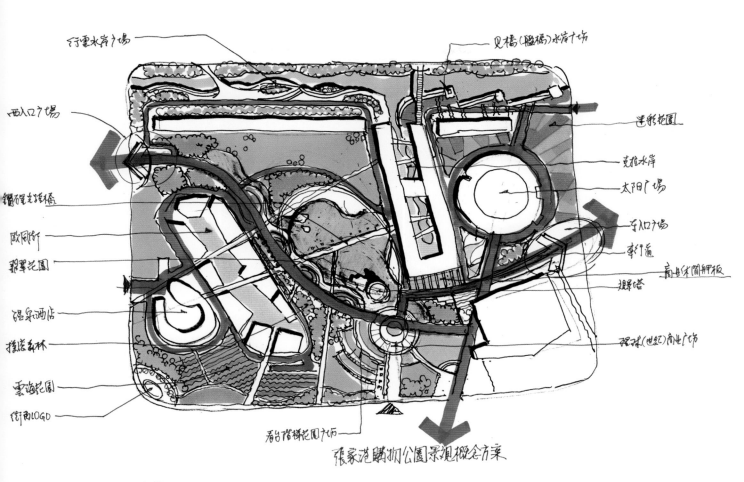

行至水岸广场 见桥(腰桥)水岸广场
西入口广场 迷彩花园
钢箱龙珠桥 克彩水岸
欧风街 太阳广场
彩罩花园 东入口广场
温泉酒店 车行道
摇摆森林 高台休闲甲板
云海花园 瞭望塔
街角LOGO 寰球(世纪)商业广场

看台阶梯花园广场

张家港睦湖公园景观概念方案

图1-3　配置构想图例 Ⅲ
空间里的交通动线计划是构想图中极为重要的元素,因此,利用鲜艳的红色和方向指示性的
箭头便能够将此概念明确地传达出来

1.2　色彩优先决定的顺序

在设计表现中应先决定较大面积及共识性(如水体、树林缓冲区等)的色
彩;再处理小面积、细琐的内容。大面积的色块相对于整张画面而言,无疑是关
键性的基调,基调色彩的稳定,绝对有助于整体画面的成功。当然,这并不表示
面积小的部分就可以随随便便,但可以肯定的是小面积的区域、节点,就图面而
言是起到一个装饰点缀的效果,因此,色彩的选择性自然较高。对于初学手绘的
朋友,我通常建议避免选择彩度太高,也就是十分鲜艳的颜色作为基调的色块,
而应选择一些彩度稍低的颜色,可以确保整张画面的协调与柔和;仅在面积较
小的部分安排稍许鲜艳的色块,将更能灵活彰显图面表达(图1-4、1-5)。

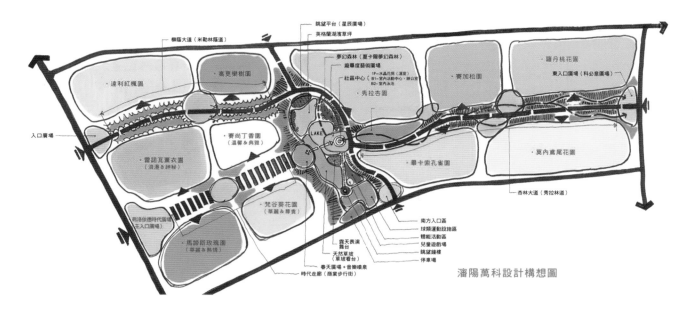

图1-4 配置构想图例Ⅳ

以彩度稍低的颜色为主色调,将可以确保整张画面的协调与柔和;仅在面积较小的部分安排稍许鲜艳的色块,将更能灵活达到点缀的目的

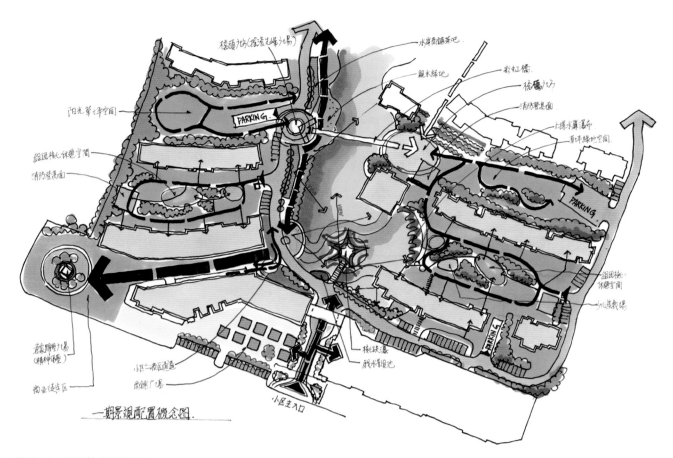

图1-5 配置构想图例Ⅴ

就构想表现的图面效果而言,既鲜艳又调和必定是惯常的基本要求

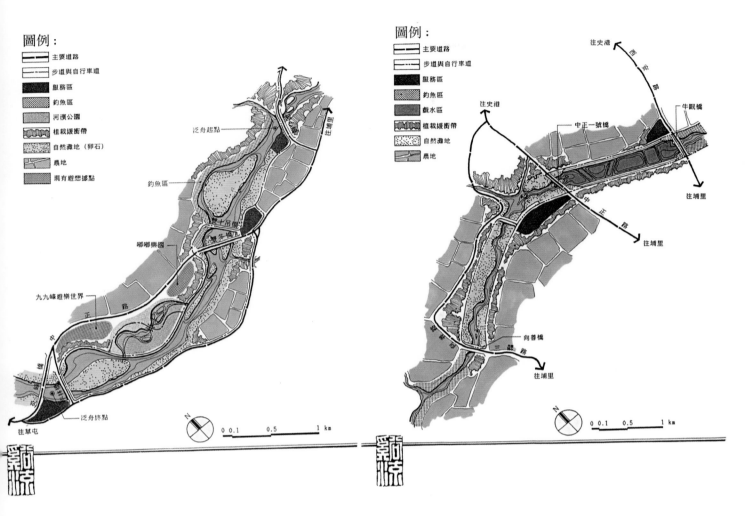

图1-6 配置构想图例Ⅵ

如果在书面资料中，以图例标注的方式也十分清晰。但这种标注方式在会场演示的时候，不能较迅速地提示简报者相关的讯息

1.3 图文安排的要领

图文并茂是构成理想分析图的关键。构想图除了图形与色块之外，如果能够搭配扼要简明的文字说明，常能发挥意想不到的图面说服力。在这里要特别提醒的是文字标注的引线不能随便乱放，因为它经常间接透露出绘制者的逻辑组织能力、布局章法和基本的线条美学修养。在设计工作进行的过程中，构想图往往是主创设计师亲自为之，力求设计出能符合业主各项要求的构想图。试着以业主的眼光来看，如果连主创设计师对图面版式的品位与能力都不理想，那么整体项目的品质，就更别期待有什么过人的创新与突破啦！

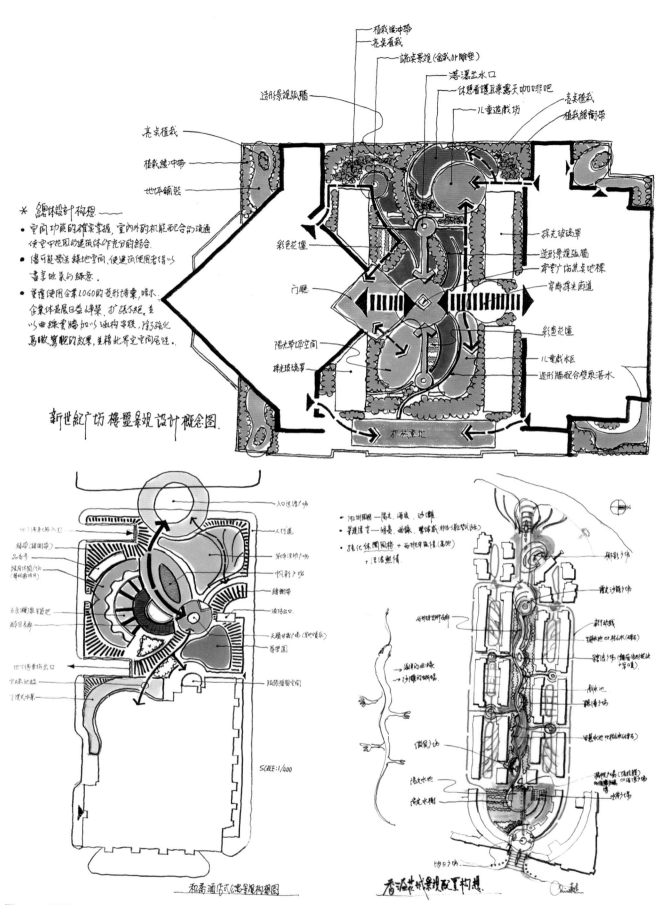

图 1-7　配置构想图例Ⅶ

图文并茂是构想表现图的基本要求

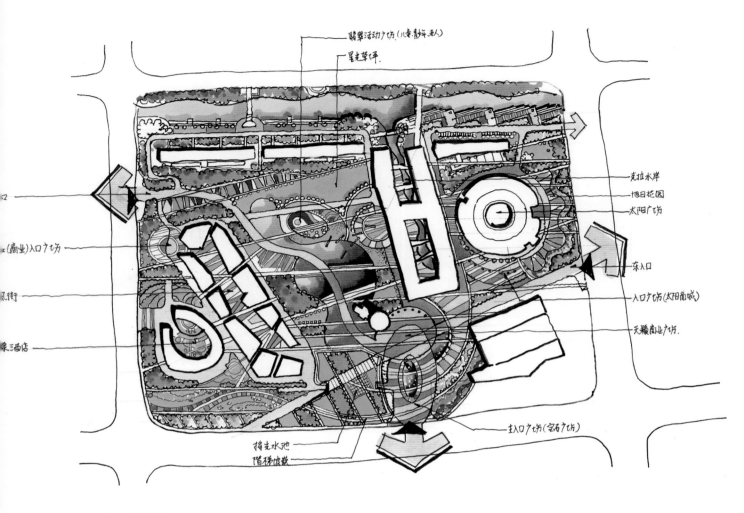

图中标注文字：
翡翠活动广场(儿童.青少年.老人)
星光草坪
克拉水岸
旭日花园
太阳广场
东入口
入口广场(太阳商城)
天籁商业广坊
主入口广场(宝石广坊)
月光水池
阶梯坡坡

左侧标注：
口2
(商业)入口广坊
风街
豪3酒店

图1-8　配置构想图例Ⅷ

这张构想图是延续图1-3的基本空间概念细化而来。部分的构图内容已将具体的环境配置
以草图的方式描绘出来；而整体色彩也扮演着十分重要的角色，基本上也已将平面配置整体
的情况概略地呈现出来

1.4　循循善诱、系统渐进的原则

构想图绘制的目的在于清晰快速地将设计思路传达给视图者，当构思的量
与深度都具备一定规模时，序列模式的呈现方法将是理想的选择。因为系统的
逻辑次序将有效率地带动观者依照设计师的思路去思考，既便于沟通表达，也
有助于强化说服力。

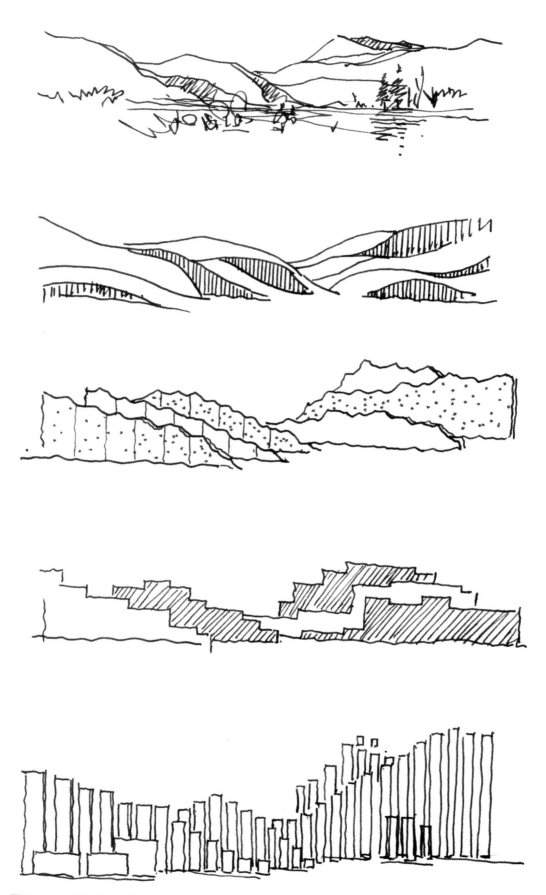

图1-9　山峦形式概念推演示意图

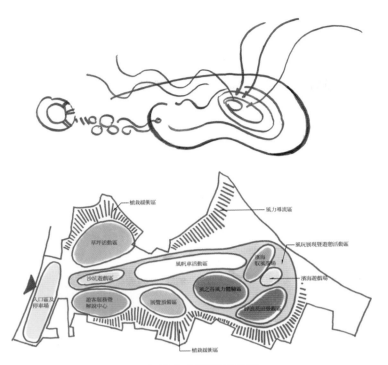

風力博覽園區基本功能分區示意圖

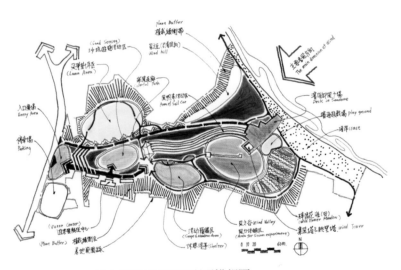

風力博覽園區景觀配置構想圖

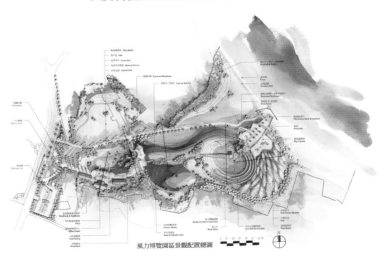

風力博覽園區景觀配置總圖

图1-10　循序构想表现图例

循序渐进的构想传达方式既便于沟通表达,也有助于强化说服力

1.5 插图式的生动表现

当设计主题十分明确，尤其是类似主题公园的规划设计项目，透过类似插图方式加以说明，也是极具表现力的方法（如图1-11）。但是这种表现方法对于绘图者的绘画功底往往要求较高，通常必须经过相当程度的美术（绘画）训练者方能胜任。当然，透过其他插图指南或图库资料加以临摹或截取拼贴也是可以替代的方法。但是如果作为设计公司项目操作营利使用，则图档版权的因素就必须加以考虑，特别是在知识产权保护意识日益高涨的现今，这些因素最好都经过谨慎的思考与对待。

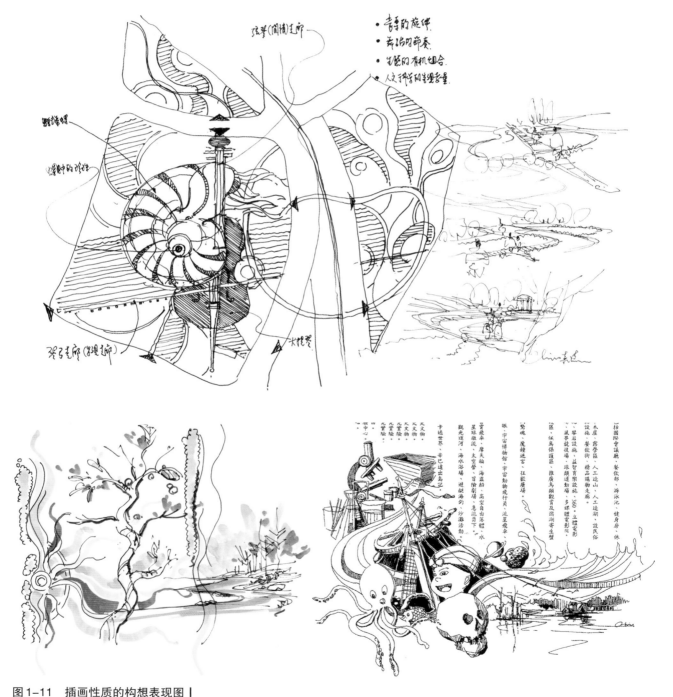

图1-11 插画性质的构想表现图
具有直观的说明性是这一类构想图的特点。然而这类构想图的表现的确需要一定程度的绘画基础方能胜任

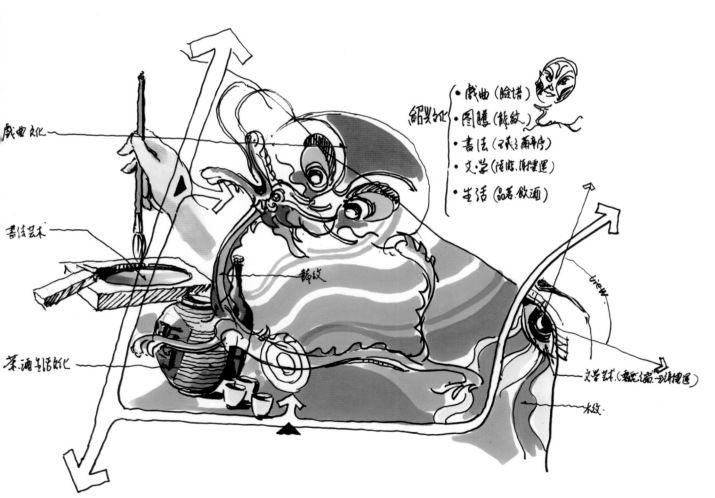

图1-12 插画性质的构想表现图 II

有时候绘画的技巧固然重要，但是更重要的是表现内容里的思考意涵，图中春兰酒店的景观设计构想正是一株典型的兰花，在这里绘图的技巧并不算最重要，但是能想到以兰花作为配置的肌理，并将其合适地布局到位，这才是核心构想的价值所在

图1-13 插画性质的构想表现图 III

思考配置构想的同时，结合些许地方色彩的传统元素，例如书法、戏曲、酒坛、龙纹……将其结合在构想表现图当中，此一做法除了可以丰富图面，更可以使创作思考腾飞

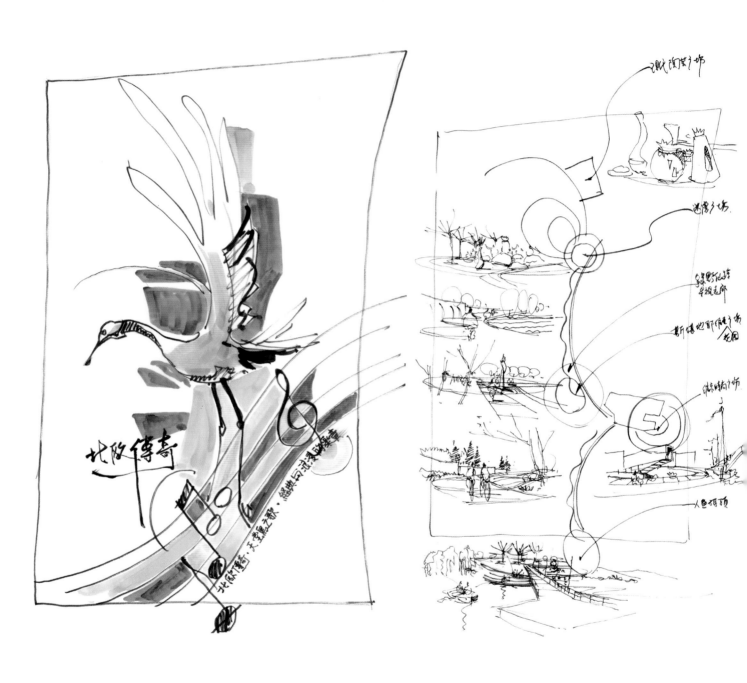

图1-14　插画性质的构想表现图Ⅳ

将动物姿态的优雅线条引入构想表现当中，透过具象的插图对照抽象的平面布局，再加上数张空间示意草图，便能够将构想中的感性与理性部分充分结合而达到雅俗共赏的传达效果在实际项目操作中,融通各种传达的手法还是十分重要的,单一的手法经常不能完整地说明概念,通常必须结合插图、符号、色块、文字……共同表现。

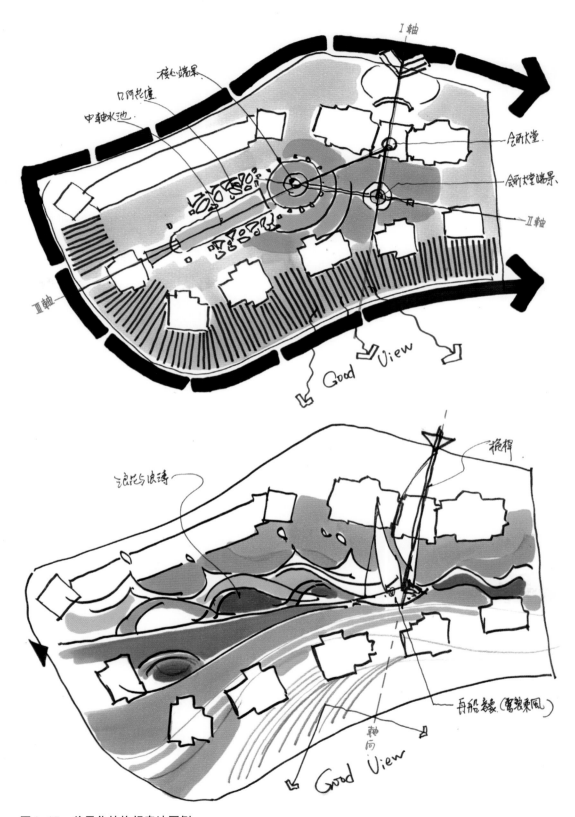

图1-15 差异化的构想表达图例
在同一个案子,多样化的设计构想表达,经常能够协助设计者酝酿更多思考方向

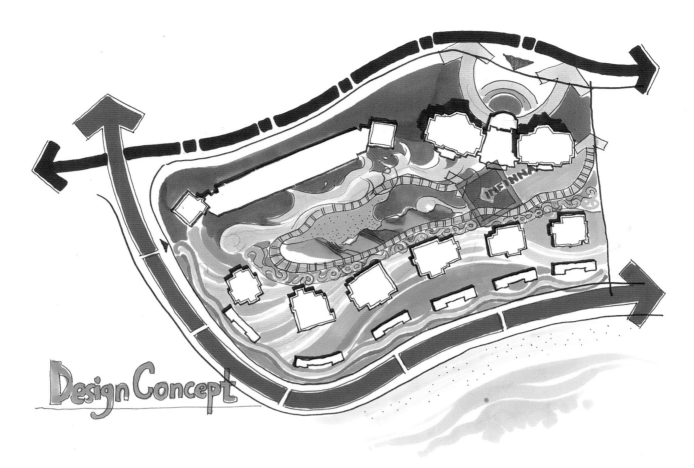

图1-16 极具色彩感的配置构想表现图例
透过色彩的安排可以将构想图表现得十分夺目,除了说明设计内容之外,俨然就像一幅抽象画

在设计工作中,除了直接将构想描绘出来,如今拜电脑及软件运用之赐,许多循序渐进的构想逻辑,还可以进一步借由影片动画安排,让设计概念更淋漓尽致地表现出来。虽然这些软件的辅助不在本书讨论的范围,但可以确信的是,只要掌握构想图最原始的呈现方式,将大大有助于其他各种表现方式的融通。

2 总体设计的灵魂——平面配置图

毋庸置疑，在任何环境空间设计的领域中，平面配置必然是主宰成果的重要因素之一，也因为如此，优先将平面图绘制好就是迈向设计表现成功的一大步。有了合适的平面配置图之后，才得以进一步展开后续的立面图、剖面图与示意图的设计绘制。在园林景观汇报表现的图面表现中，平面图往往被顶视图或鸟瞰图所取代，因为按照一般的制图规范，平面图的画法约略是将建筑物从地面起算1米左右的高度剖切开来往下俯视的状态，如此，绝大多数的景墙和乔木都被截顶而无法看出真正的空间关系，在讲究表现效果的汇报中，这样的图面通常会结合一部分顶视图的表现方法来加以补充，如此既符合专业性也具备易读性，诚然，看似不够规范严谨，但事实上被广泛接受。

2.1 理想园林景观配置图的基本特点

景观空间中的元素不外乎树木、灌丛、草地（坡）、水体、道路（铺面）、构筑物、设施物（家俱）和点景元素（人物车辆等），个别元素的表现方法千变万化，每一种表现方式自有其优点与局限性。不同的绘画媒材，例如彩色铅笔、马克笔、水彩等，都具备不同的表达方法、特色与其自身的限制。事实上并不存在某一个方式或媒材是绝对最理想的表现方法，都得视个案的内容和设计师当下掌握的条件而定。无论如何，当画面中所有设计元素兜拢起来之后，必须具有一定章法且协调呼应是关键。

由于本章节主题在探讨景观平面配置图的表现方法，如果撇开设计内容不论，一般来说，好的平面设计表现图应该具有以下四个特点：

1. 能够适当分辨出设计的具体内容。即能将配置中诸如：水体、草地、树丛、铺装、构筑物等元素清晰地表达出来。2. 能够直观地暗示出空间竖向的关联性。透过光影及阴暗面的运用，将空间感或立体效果调出来。3. 具有图文并茂的整体感。除了图示效果，还应适当地将设计内容以文字符号方式标示出来。4. 整体色调或质感符合设计项目的主题或情境，并与全套设计汇报图面协调呼应。

理论的理解与熟记并不能确保操作上的实际效果。为能有效落实学习效果，以下再就平面表现图的绘制要领与基本观念，以图示搭配文字的方式加以说明。

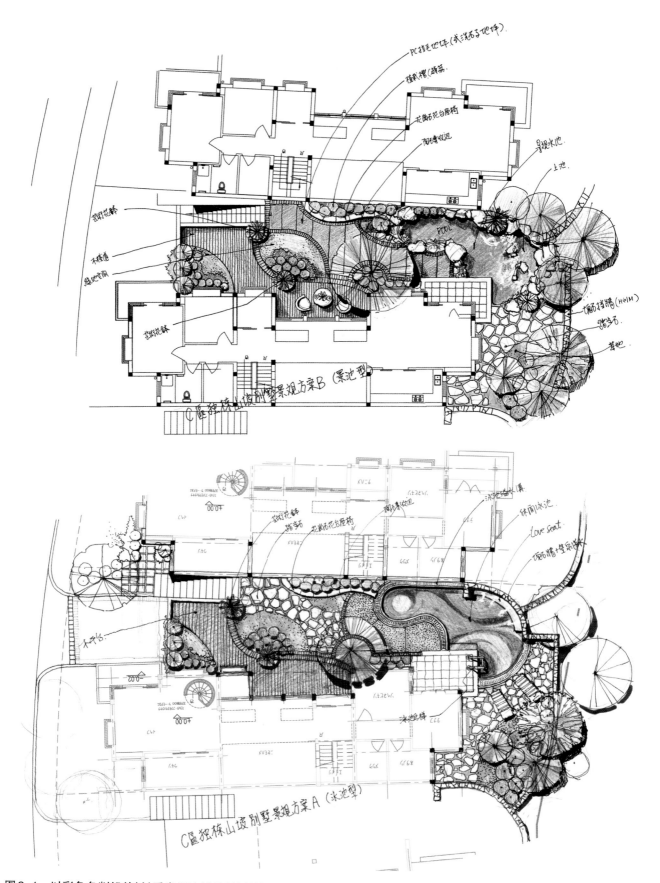

图2-1　以彩色免削铅笔（材质类似油蜡笔）绘制的平面配置图

此为相同庭院的两个配置方案。原图绘制的比例为1∶100，除了黑色墨线的阴影之外，透过笔触的轻重强调出阴影的宽度与深度，借以诠释空间及设施的高度与立体感

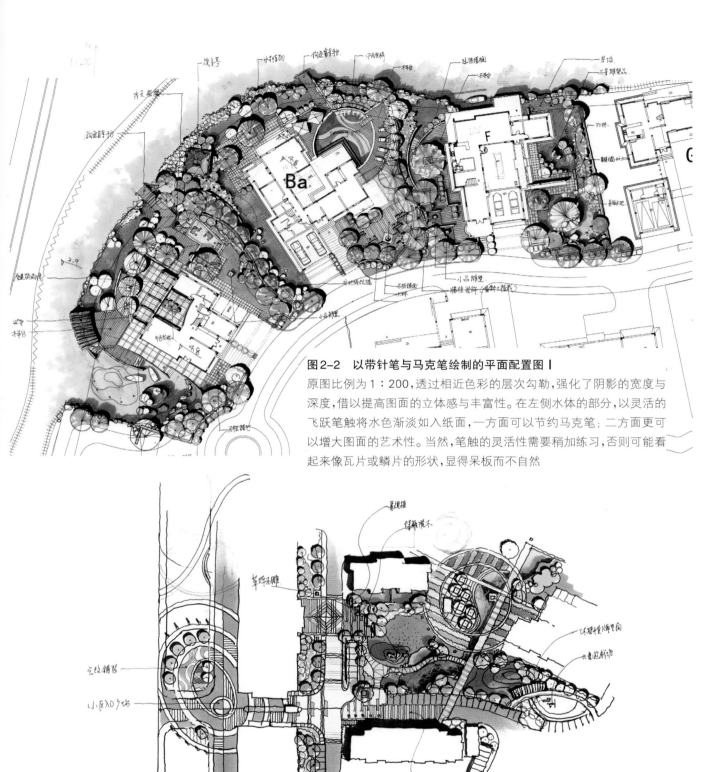

图2-2　以带针笔与马克笔绘制的平面配置图 I

原图比例为1：200，透过相近色彩的层次勾勒，强化了阴影的宽度与深度，借以提高图面的立体感与丰富性。在左侧水体的部分，以灵活的飞跃笔触将水色渐淡如入纸面，一方面可以节约马克笔；二方面更可以增大图面的艺术性。当然，笔触的灵活性需要稍加练习，否则可能看起来像瓦片或鳞片的形状，显得呆板而不自然

图2-3　以带针笔与马克笔绘制的平面配置图 II

原图比例为1：500。除了黑色墨线的阴影之外，透过近似色彩勾勒，强化阴影的宽度与深度，借以提高图面的立体感与丰富性，特别是在草坡和水岸空间的阴暗面，透过基本光源的设定，将阴影方向的色彩延伸，一方面增强画面的色彩感；二方面强化物体高差的立体感；三方面避免单单以黑色描绘阴影，而以明度相对较低的色彩加以补充，借以明示阴暗部分的具体内容

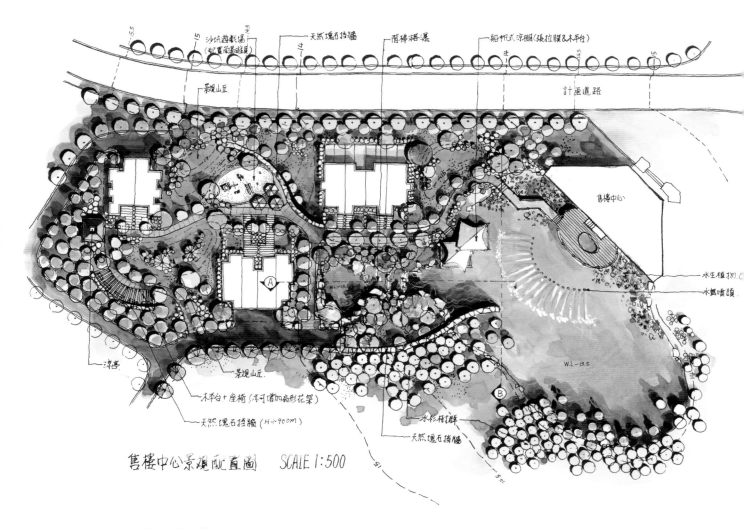

图2-4 以透明水彩绘制的平面配置图

原图比例为1：500。除了黑色墨线的阴影之外，透过近似色彩勾勒，强化阴影的宽度与深度，借以提高平面图的立体感与丰富性

2.2 关于平面图表现的轻重缓急

平面图表现时应分清轻重缓急，一般原则是：立体感（空间感）优先；色彩次之；质感肌理最后。平面图虽为"平面"，但在配置表现的手法中，能够设法将基地空间及景观元素的高低层次关系说明清楚，绝对比强调色彩或说明质感等细节事项来得更有震撼力，值得一提的是完整的阴影处理是平面配置表现成功的关键。以下借由步骤图例加以具体说明：以彩色铅笔上彩表现1：100平面图的步骤与原则要领。

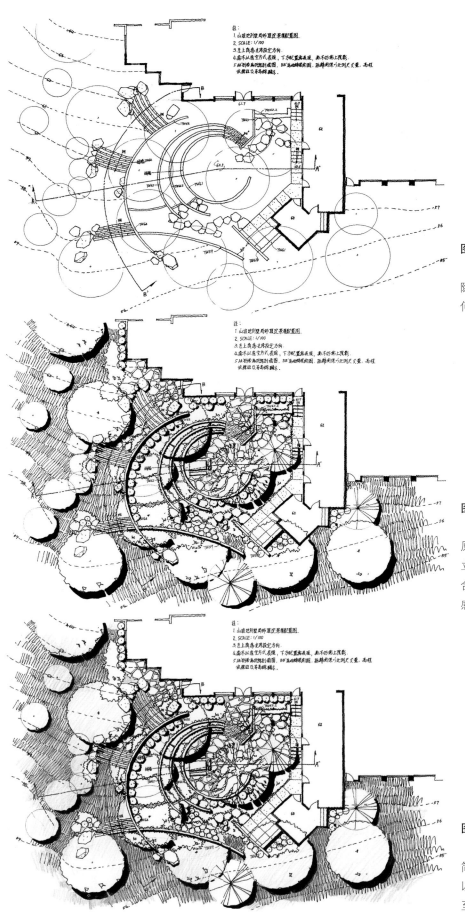

图2-5　1∶100景观平面图
　　　　绘制步骤 Ⅰ
除了配置基本图线稿之外,尚未做任何表现处理

图2-6　1∶100景观平面图
　　　　绘制步骤 Ⅱ
原本平淡的线稿,一经加上了阴影就立刻显出了高度(立体感),如果再配合些许地面(草地)的质感,就更具有感染力了

图2-7　1∶100景观平面图
　　　　绘制步骤 Ⅲ
简单地以浅绿色将最下层的草地加以交代,在时间有限的快速设计中,至少可以达到基本的上色效果

图2-8 1：100景观平面图
　　　绘制步骤Ⅳ
其次再将石版铺装以茶褐色的色铅上色，利用笔触的轻重将阴影和石材的自然色差表现出来。这种方法十分简单却易出效果

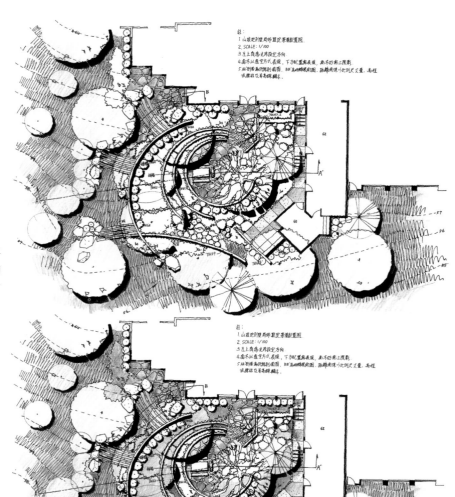

图2-9 1：100景观平面图
　　　绘制步骤Ⅴ
然后表现基本灌木的色彩

图2-10 1：100景观平面图
　　　绘制步骤Ⅵ
色彩丰富的下木视设计需要和可以工作的时间长短弹性调整

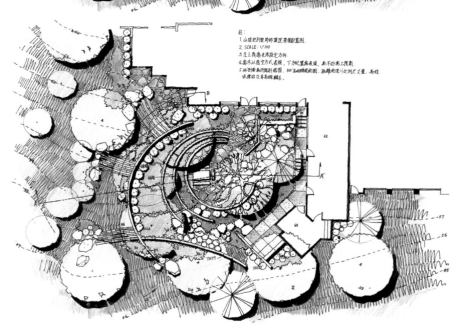

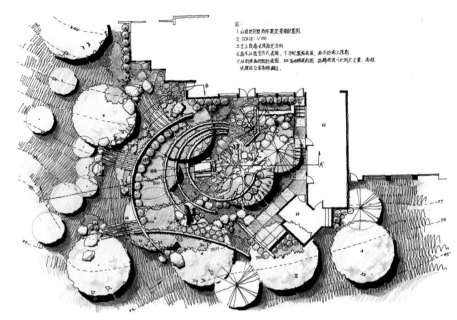

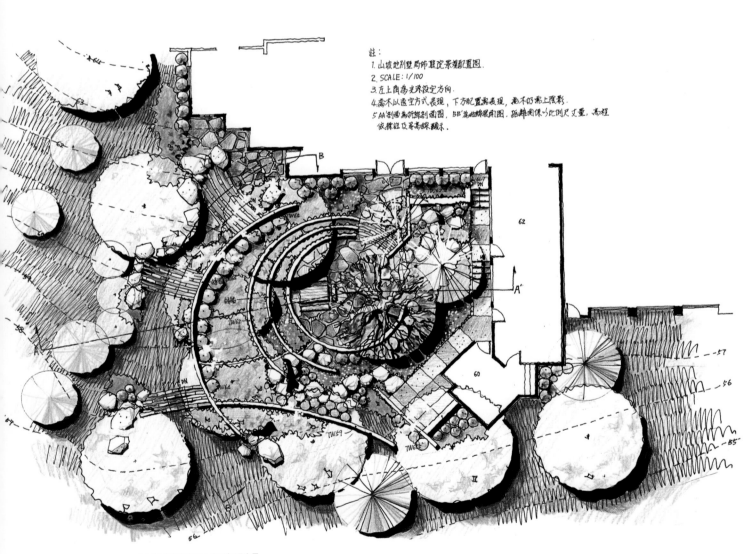

图2-11　1：100景观平面图
绘制步骤Ⅶ

草地的阴影除了黑色之外，还可以增加
一层深绿的颜色加以过渡

图2-12　1：100景观平面图绘制步骤Ⅷ

最后利用互补色、少量鲜艳的色彩和修正液做细微的修饰，配置图就基本达到一定表现水平了

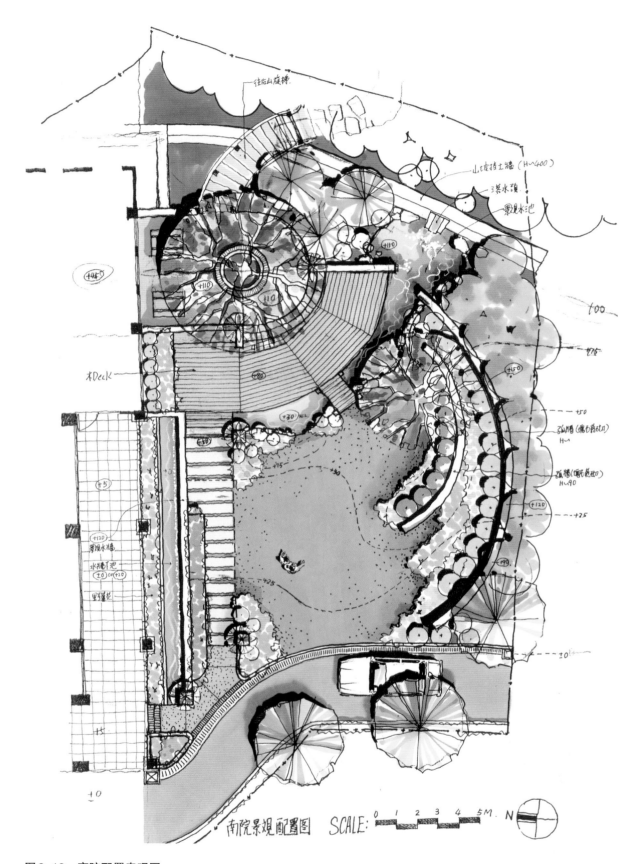

图2-13　庭院配置表现图

在 1：100（ 或以上 ）的景观平面图当中,所有乔木树冠下方的配置内容必须加以交代,才不至于显得空洞。因此,不论是上墨线或是上色彩都要想方法让下方的配置内容适当地显现出来

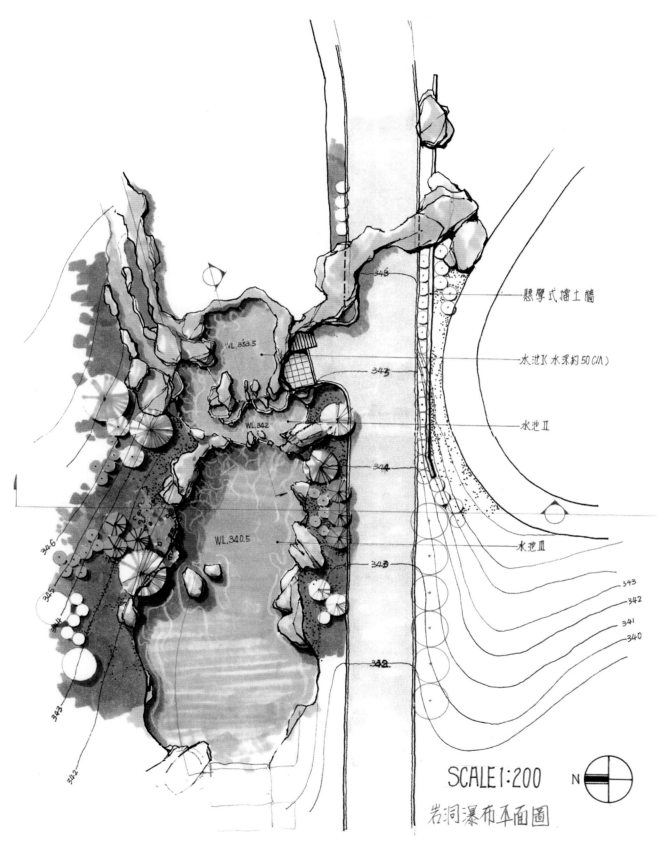

图中标注文字：

WL.353.5

WL.342

WL.340.5

348
343
344
343
342

346
345
344
343
342

懸臂式擋土牆

水池 I (水深約 50 CM)

水池 II

水池 III

343
342
341
340

SCALE 1:200

N

岩洞瀑布平面圖

图2-14 假山水景平面表现图

在1：200的假山水景平面图当中，岩石与水面是表现的重点。透过明暗的掌握与色铅笔（白色）的运用,将山石、水面质感极具感染力地诠释出来

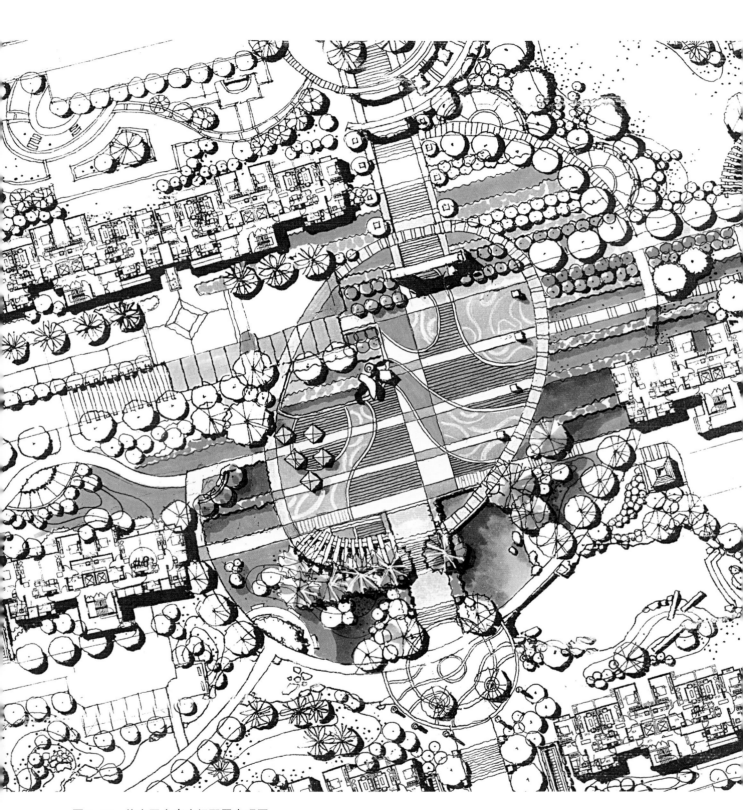

图2-15　住宅区中庭广场配置表现图

在1：500的景观平面图当中，利用马克笔和少量的色铅笔在既有的墨线基础下表现。类似的色彩半成品往往比全张上色完成的效果更具有表现力

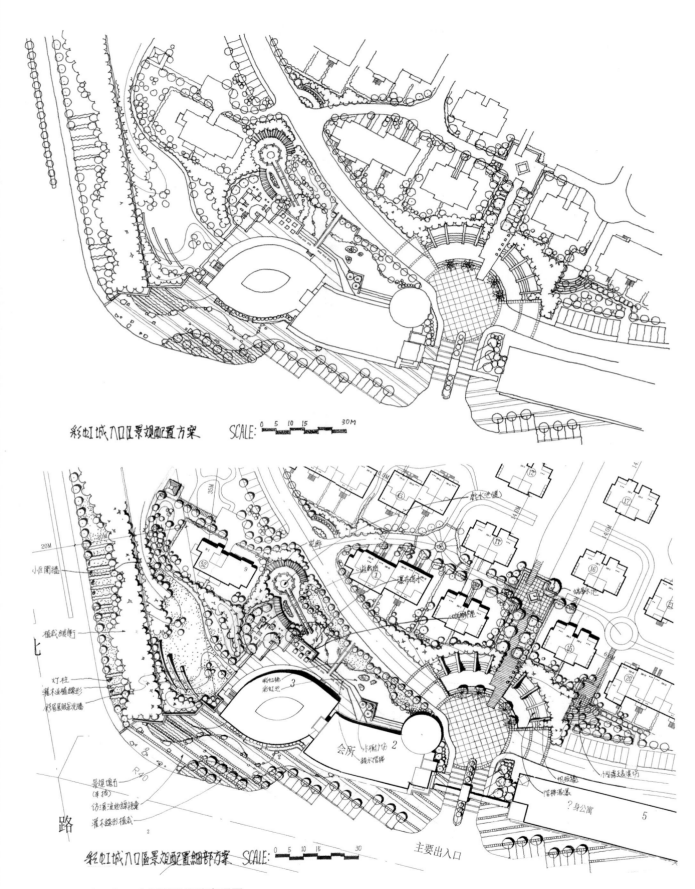

彩虹城入口区景观配置方案　SCALE: 0 5 10 15 30M

彩虹城入口区景观配置细部方案　SCALE: 0 5 10 15 30

主要出入口

图2-16　小区入口广场配置线稿表现图

在1：800的平面图中,构筑物、植栽、水系……的高低关系一旦以墨色阴影表示出来,对于平面图的表现力而言,已增色不少

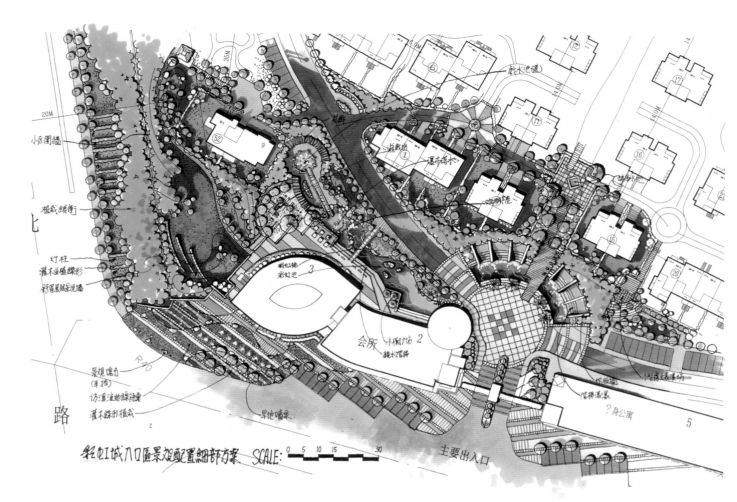

图2-17 小区入口广场配置色彩表现图
即便是增加色彩也应该是在既有的阴影基础下伸枝展叶

2.3 整体把握的必然性

在绘制平面配置图时应掌握整体画面的布局与铺陈，而不拘泥于个别元素的描绘。经常遇到某些初学设计的学生，没有先掌握好整张画面的色调与重点，单单拘泥于某一个构筑物或是几棵树木质感上的精细描绘，顾此失彼，本末倒置。像极了刚开始学画的小孩在画人物（公主）的时候，头身比例及手脚位置尚没有布局得当，仅仅注意到了头顶上的蝴蝶结、裙摆的蕾丝、甚至是涂上了眼影的双眼皮一般。这么说倒不是否定童趣及天真烂漫的想象力，只是借此提醒一下：对于设计表现这种应用性极强的技术，还是应该具有基本客观的传达标准，以免流于自说自话，事倍功半。当然要特别强调的是，在自我练习的时候并不受此限制，我们经常可以将各种元素拆解开来，针对特别困难的单一元素反复练习，尔后再将其组合在一起表现，像学习人物石膏像绘画时，我们将手、脚、眼睛、耳朵、鼻子、嘴巴等局部单元拆解开来练习是一样的道理。

2.4 关于色彩决定的灵活性

万物无恒色，换言之，一种颜色可以表现多种元素（不同的材料、不同的树种）；而同样的一种元素亦可以借多种颜色来共同诠释。这些变化的原则除了绘图者本身的偏好与习性之外，主要是先依据自己当下掌握颜色材料的品类，比方说如果只有两个绿色，就必须以一种绿色来表现多种植物或是配合其他灰色、黄色来共同演绎植栽色彩；其次是根据项目设计主题的内容方向加以呼应诠释。这说起来比较抽象，例如：在工业园区的景观项目平面图当中，最好能体现出工业科技的色彩感，冷静、理性和简约是基本方向，像冷灰、紫灰、蓝灰等色彩都是可以选择的调子；而在儿童乐园或主题乐园的景观项目中，活泼、想象和温馨就成为基调，因此色彩丰富、鲜艳华丽、以暖色为主……，就成了绘图上色的重要原则。

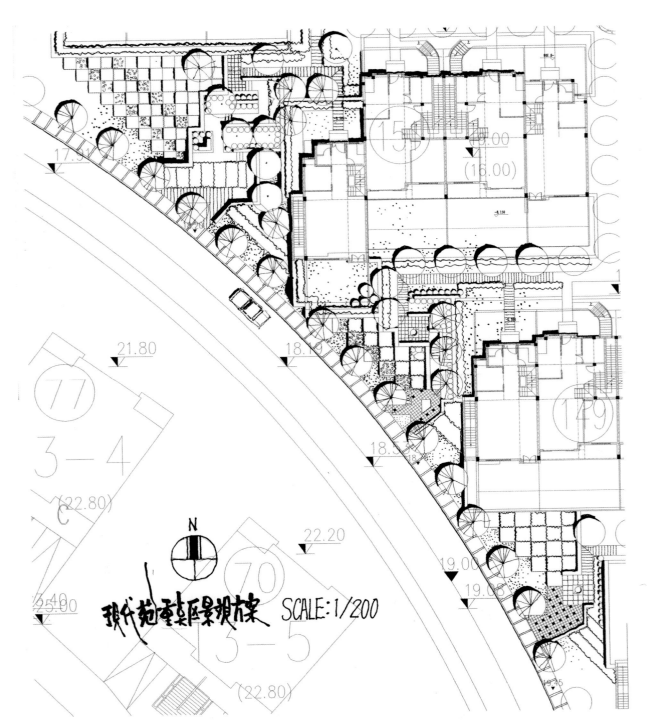

图2-18　小区道路旁景观空间配置线稿表现图
　在1：200的平面图中，阴影与适当的铺面与草地等质感处理之后，整张图面就显得精神，说明性也自然提高

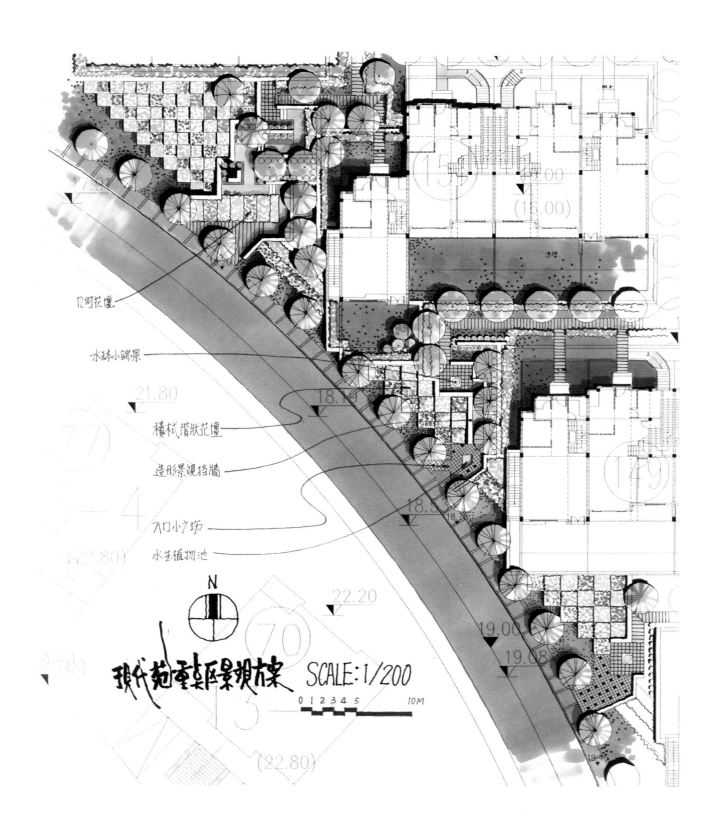

几何花坛

水钵小端景

积栈阶状花坛

造形景观挡墙

入口小广场

水生植物池

N

现代苑重点区景观方案   SCALE:1/200

0 1 2 3 4 5   10M

图2-19　小区道路旁景观空间配置色彩表现图▏

在完成的阴影与墨线基础之上，以马克笔追加色彩表现效果。这种表现步骤一般来说比较安全稳定

图 2-20　小区道路旁景观空间配置色彩表现图 II

在完全相同的阴影与墨线基础之上，如果更换总体色调将呈现出异样风采。但是这些变化必须是在有计划的前提下进行，否则极有可能变成杂乱无章

2.5 简易上色（半成品）的魅力

在许多艺术创作的领域当中，我们经常听到或见到所谓"未完成的作品"，这个"未完成"的概念，多少含有些许俗世的遗憾与悲情，然而，这些所谓未完成的创作，却总是格外令人玩味与神往！就像有人说西方最伟大的雕刻家米开郎基罗最动人的作品就是那些尚未完成的奴隶，因为那些顽石的质感在有力的人形对比之下，显现出一种特别的威力。未完成的创作何以有如此撼人心弦的魔力？从艺术品欣赏的角度来说，未完成之作总让人感觉作品处于一种正在进行的态势，较之已经彻底完成的作品，明显具有更多的动感、张力与想象空间。中国画里强调巧留"虚白"（留白）的意境，事实上正是一种刻意营造出来的"未完成效果"。它让观赏者从作品当中感受到一种虚幻缥缈的美感，进而牵引出汹涌澎湃的想象张力（秦嘉远，2006）。

在传统中国文学里对于令人激赏的风景园林有着"山重水复疑无路，柳暗花明又一村"的说法，而就在这两句话当中，上一句表示出整体景观的局势即将宣告终结；而下一句则点明了又再度发现令人探索玩味的空间机会。这充分说明了中国古代文人对于一种能够持续发现、多重探索的景观特质，同样持有很高的欣赏评价。

在现实中，手绘表现图的运用与绘制经常是在设计的初始阶段，在这个阶段中可能因为时间或资讯的不足或尚待厘清，客观上缺乏足够的条件将配置图巨细靡遗地呈现出来。然而设计师却必须透过表现来传达出自己专业上的见解，这时候适当地收放，保留合适的想象空间就变得十分重要。所谓的"保留"并不等于"不交代"，"保留"应该解释为"交代得更具有弹性"，避免造成设计方案还在酝酿的初期，因为尚不完全成熟就遭到扼杀。当然，还有一种情况就是单纯的工作时间不足。没有办法余下足够的时间来作图面表现时，我们就应该当机立断、提纲挈领地执行表现工作，特别是在草案提报，或是专业设计考试时间有限的情况下，运用简易的上色表现技巧正是一种明智的选择。

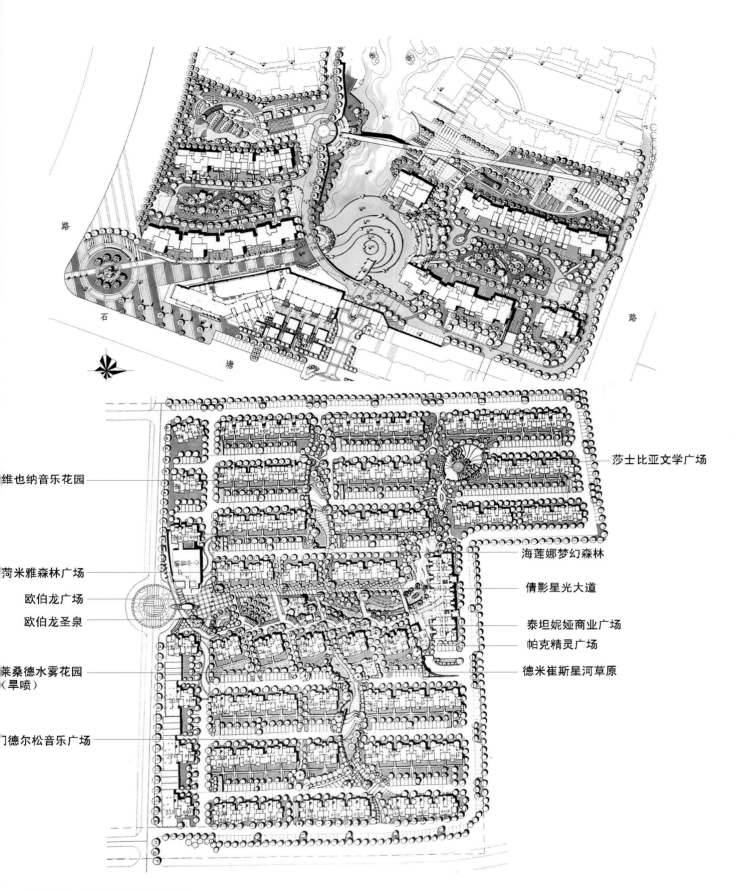

维也纳音乐花园

菏米雅森林广场

欧伯龙广场

欧伯龙圣泉

莱桑德水雾花园
（旱喷）

门德尔松音乐广场

莎士比亚文学广场

海莲娜梦幻森林

倩影星光大道

泰坦妮娅商业广场

帕克精灵广场

德米崔斯星河草原

图2-21 简易上色的配置图例

仅用少量的色彩,如草地、道路和水体,也同样能够表现出高雅的质感,因为太过艳丽的色彩经常给人俗艳的感觉。唯一要注意的是必须把所有物体的阴影根据其最终建成的相对高度仔细画好,才能够事半功倍。

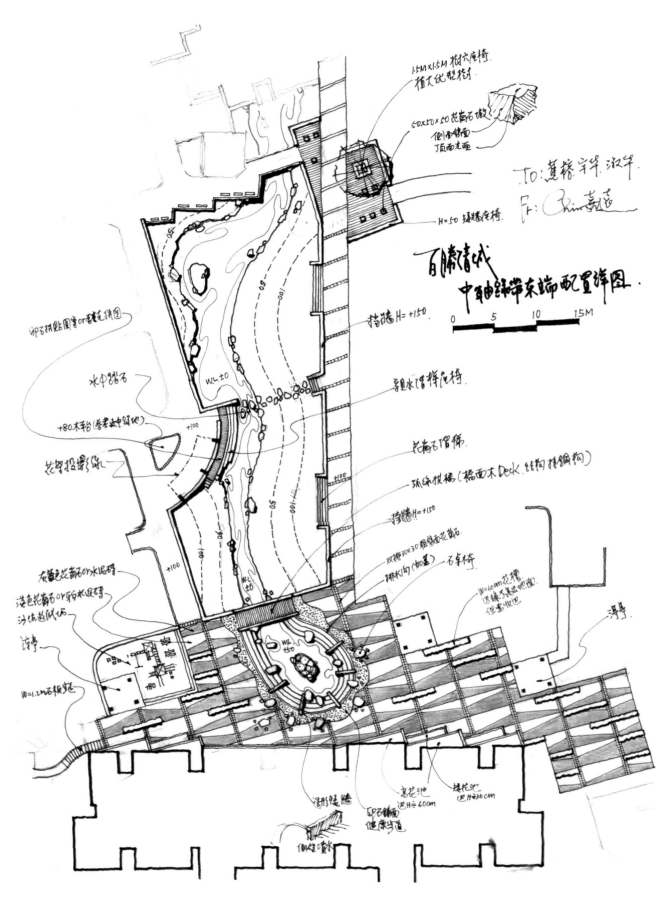

图2-22 楼前广场配置简彩表现图

一张近乎无色的配置草图，只要是阴影表现得当，简单地在重点处施以薄彩，就可以呈现出一定的效果

2.6 景观平面图表现作品的参考与借鉴

事实上,在设计工作中并不存在某一种完美万能的表现方式可以一律适用。每一个项目,针对其不同的条件情况,都可能具有自己"相对合适"的表现方法。手绘表现的可贵之处就在于弹性、自由;而且从图面选色和手法当中还能够多少透露出设计师的性格与情绪,因此往往也被认为更具有"灵气"。当然,灵气出现的基本条件是表现得当。既然无所谓最优的表现方法,本节便根据笔者过去执业的项目案例,列举出一些代表性的平面配置表现作品,配合图说加以呈现。在说明中除了强调选色和绘制的技法外,也陈述了图面的比例尺和当时项目操作的一部分主客观条件,如此,让读者在阅览图面的时候,能够更清晰地了解到设计师当时选择方式的条件、状态和绘制的用心,希望更有利于整体表现观念的融通。

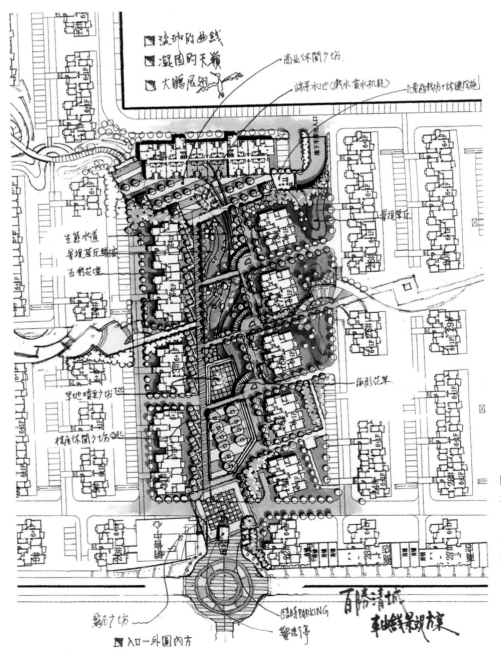

图2-23 平面表现参考图例Ⅰ
在1:500的景观平面草图当中,颜色与阴影的安排与强调仍然是表现的重点。特别要提醒的是,位于底层的草地因为面积不大,通常可以选择比树木稍暗的绿色,再搭配多层次的阴影铺陈,整体配置图的竖向立体感将更能突显

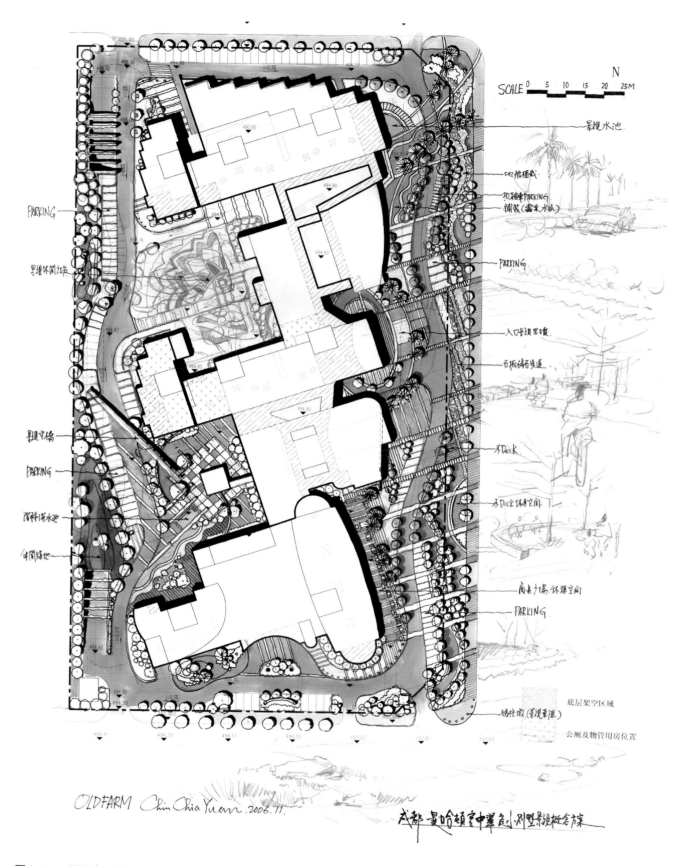

图 2-24 平面表现参考图例 II

在 1：500 的景观平面草图当中，结合了铅笔、针笔、色铅及马克笔等多样媒材，自由地将设计概念呈现出来。这张图面仅仅是项目始案前的构想概念，因此，许多配置的细部并没有明确地描绘出来，但正因为如此，许多想法的可能性也都存在商量的余地

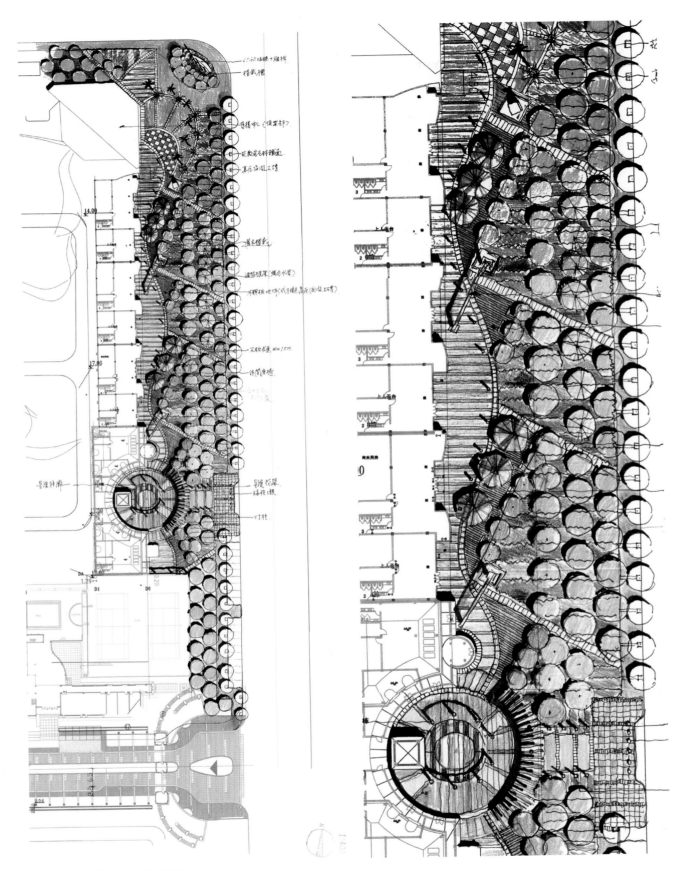

图2-25 平面表现参考图例 Ⅲ

在 1：400 商业景观空间的平面表现当中,适当的鲜艳强烈色彩是可以考虑的,惟在选择鲜艳色彩的过程中仍需注意到整体画面的协调性

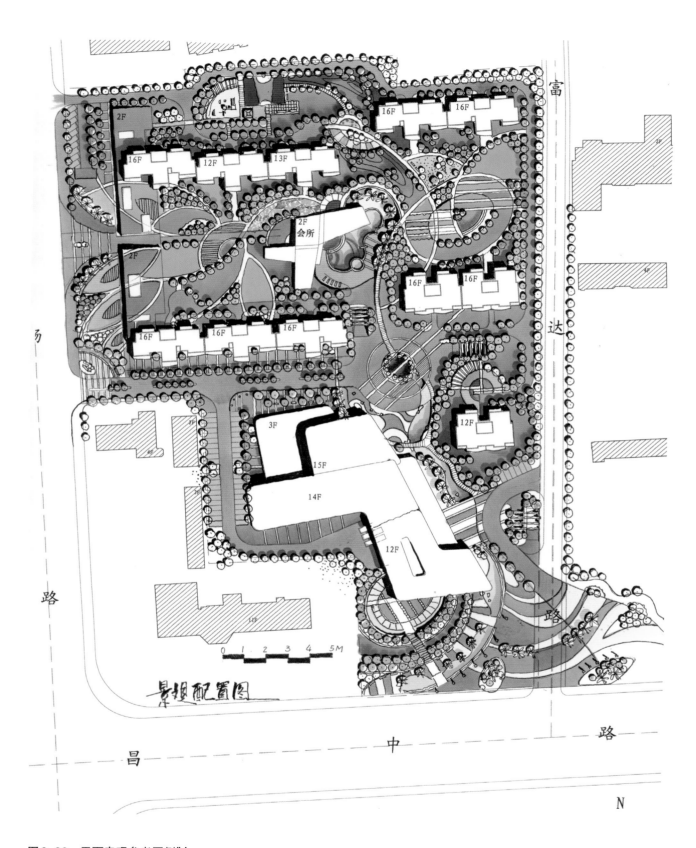

图2-26　平面表现参考图例Ⅳ

在1∶1000曲线优雅的景观平面图当中,除了立体感之外,色彩的协调与优雅也是表现时的重点

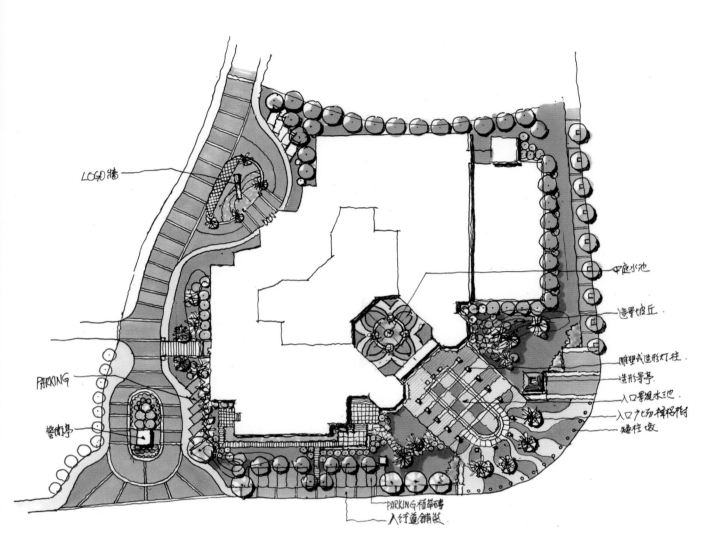

图中标注文字：

LOGO墙

PARKING

警卫亭

中庭水池

造景波丘

雕塑式造形灯柱

造形导亭

入口景观水池

入口广场棕榈树

矮柱 收

PARKING植草砖

入行道铺装

图2-27　平面表现参考图例Ⅴ

在1：600带有西班牙风格的设计案例中,热情浪漫的棕红色是可以考虑采用的主要铺面色调,除此之外,再搭配适量的浅蓝色,将地中海区域的风格隐约地展现出来

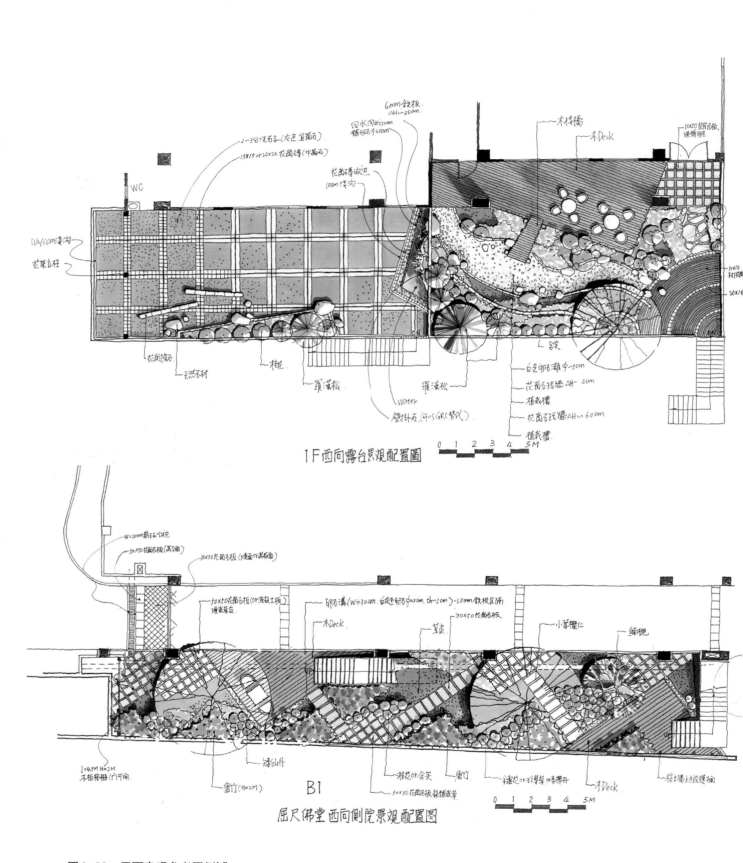

1F西向露台景观配置圖

B1

屈尺佛堂西向側院景观配置图

图2-28 平面表现参考图例Ⅵ

在1：100（包含以下）的平面图表现中，光影与质感变得异常重要。因为近距离鸟瞰物体，许多元素细部的质感就不能省却，如果过分简化，将显得空洞与单调，因此透过色彩的转换和代针笔的勾勒，便能使得图面的内容显得更加丰富

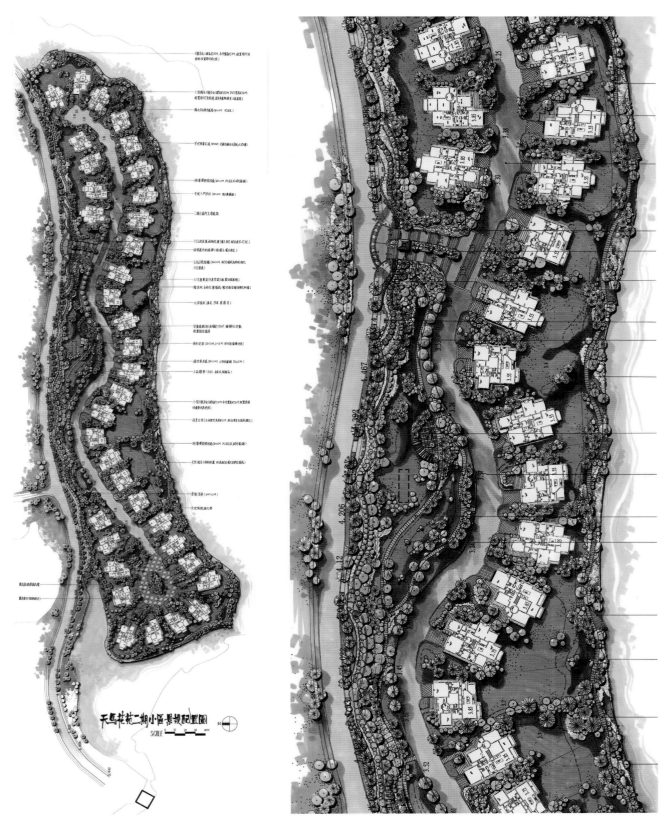

图2-29 平面表现参考图例Ⅶ

对1:400的景观平面图而言,可以算是一个折中的尺度,不大也不小。因此,兼顾整体空间感与局部光影质感是绘图的基本原则。大范围的水面色彩透过笔触的安排逐渐自然消失,既省笔墨又有艺术张力,可谓一举两得;草丘的立体感透过阴影的陪衬,也显得格外突出;另外,单调的柏油道路,根据光影的方向赋予些许机动的光影笔触,一方面降低道路在视觉上的高度,二方面让柏油路显得耀眼动人

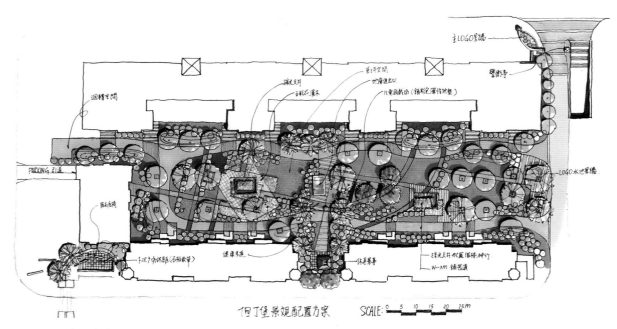

图2-30　平面表现参考图例Ⅷ

由于设计配置中落叶树与开花树的数量较多,为了避免棕红色调的色彩与地被的绿色冲突,选择带有黄棕色调的橄榄绿来表现大面积的草地,就可以将画面的色彩处理得相对调和

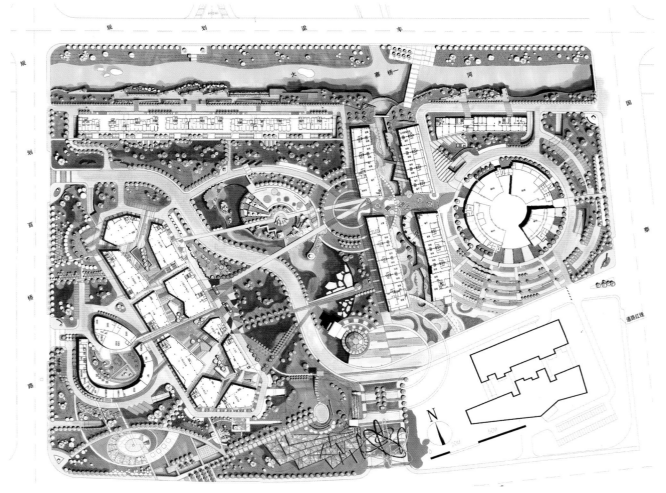

图2-31　平面表现参考图例Ⅸ

在1∶1000的平面图中,必须将表现的重点放在视觉能够接受得到的色块,例如草坡的阴影和树群种类的差异,就远比单棵植栽的色彩或质感重要许多

图 2-32　平面表现参考图例 X

在 1：1000 的平面图中，墨线的阴影永远是最重要的

图2-33 平面表现参考图例XI

在既有墨线的基础下上色往往事半功倍。许多暗面表现可以在既有的黑色阴影外侧以类似于该区材质的稍深色彩补强。例如：在草坪区就以深绿色；在木栈平台就以深咖啡色；在水面就以更深的蓝色……

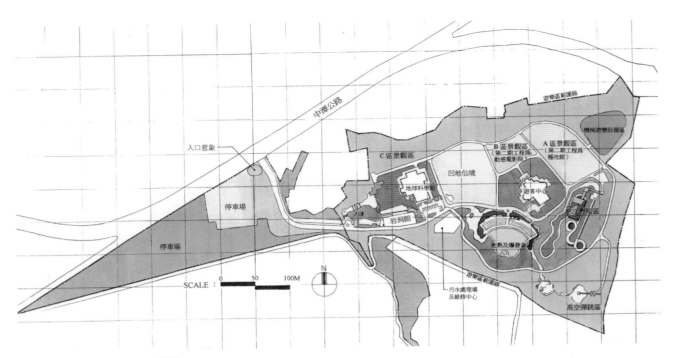

图2-34　平面表现参考图例XII

在某些1：1000以上的景观规划图面当中，以色块来区分土地使用是基本原则。而色彩的决定，是基于既柔和又具有区隔性的原则。在选择颜色时，亦应适当考虑主要用地性质的说明性，例如：浅绿色代表一般缓冲绿地；深绿色表明密林区域；红色或橘色则暗示强度开发活动聚集的区域……

图2-35　平面表现参考图例VIII

在大尺度项目的操作中，遇到必须以手绘来呈现平面效果的时候，选择透明水彩刷底，然后再运用马克笔和色铅笔加以润色是个不错的主意

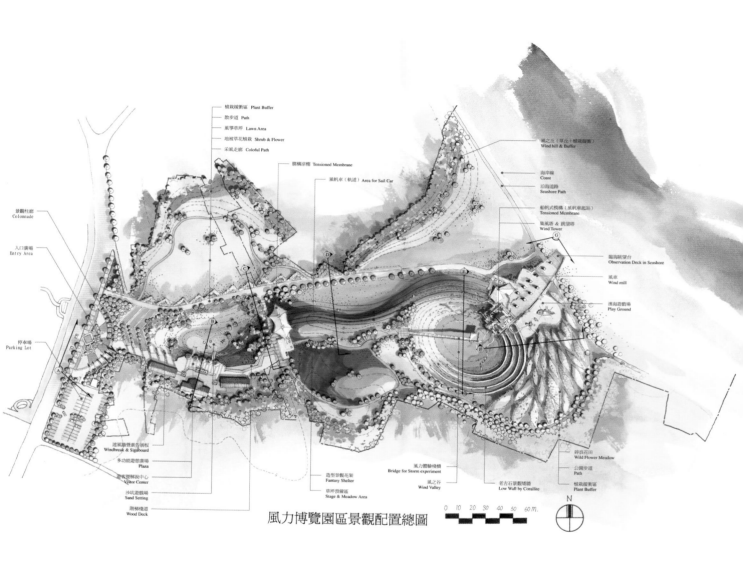

植栽緩衝區 Plant Buffer
散步道 Path
風箏草坪 Lawn Area
地被草花植栽 Shrub & Flower
采風走廊 Colorful Path
膜構涼棚 Tensioned Membrane
風帆車(軌道)Area for Sail Car
風之丘(草花 + 植栽緩衝)Wind hill & Buffer
海岸線 Coast
沿海道路 Seashore Path
船帆式模構(系帆車起站)Tensioned Membrane
集風塔 & 跳望塔 Wind Tower
臨海眺望台 Observation Deck in Seashore
風車 Wind mill
濱海遊戲場 Play Ground

景觀柱廊 Colonnade
入口廣場 Entry Area
停車場 Parking Lot
遮風雕塑景吉展板 Windbreak & Signboard
多功能遊憩劇廣場 Plaza
遊客登解脱中心 Visitor Center
沙坑遊戲場 Sand Setting
附梯樓道 Wood Deck
造型景觀花架 Fantasy Shelter
草坪習攬區 Stage & Meadow Area
風力實驗橋構 Bridge for Storm experiment
風之谷 Wind Valley
老古石景觀矮牆 Low Wall by Coralline
碎浪花田 Wild Flower Meadow
公園步道 Park Path
植栽緩衝區 Plant Buffer

風力博覽園區景觀配置總圖

0 10 20 30 40 50 60.m.

N

图2-36 平面表现参考图例IX

以透明水彩在MBM素描纸上绘制的1：800平面配置图。在起好铅笔稿之后，先以水彩表现，而后再以代针笔修饰墨线。在运用透明水彩的过程，先以排笔将大面积浅色的部分刷开（特别是草地、铺装和海水）；再以一般画笔表现第二、第三层次；最后才以小笔或毛笔做细部整理，必要时也可以搭配少量马克笔和色铅笔做细部修饰。在运用排笔刷色的时候，要注意水分和笔触方向的掌握，把透明水彩潇洒明朗的特质充分展现出来

3 竖向关照的蓝本——立剖面图

在各种设计表现图当中,再没有比立(剖)面图更能交代竖向设计的内涵。立面图的绘制目的是检视配置内容的竖向关系,如果感觉不合适就有必要回头去调整平面配置内容,因此它应该与平面图紧密伴随、相互扣合。就表现效果而言,立面表现图既能准确说明竖向尺寸的关系,又能交代立面色彩材质的内容,甚至能暗示环境空间的氛围,可以说立(剖)面图是兼顾着专业与通俗的传达工具。关于立面表现图绘制的要领归纳如下:

3.1 正确合适的位置与方向

正确合适的选择剖线位置及观看方向是第一要务。在偌大的平面配置图当中,找出"需要且适合"剖立面图表现的位置无疑是首要之务。实现这一点必须对设计内容具备相当程度的掌握,也需要理解主创设计者的核心空间表现意图(当然,如果自己本身即是设计师那就最好不过了)。由于剖面图的目的主要在说明空间的竖向关系,因此针对具有高程变化的区域是基本要领。另外,是否能够从切线位置连续看见切线后方的空间元素,也是选择的关键。看到的太多必然相对麻烦、难画,处理不好也容易造成前后景的混淆;但是看到的太少就往往显得单调而缺乏图面感染力。因此,做出平衡的选择是迈向成功的第一步。

3.2 剖线长短的迷思

就方案设计阶段而言,长剖线经常比短剖线来得精彩而有说服力。所谓长剖线系指剖线切割(经过)交代的长度(距离)而言,而距离范围越大,意味着将景观空间相互的关系说明得越周全。当然,选择剖线的位置也是必须讲究的,如果只是切割在单调的道路或广场上,所绘制出来的剖面图将缺乏丰富的说服力;反之,剖线应该尽可能选择在地形多变高程丰富的区域,将能使绘制出来的图面内容丰富而具备空间说明的特质。

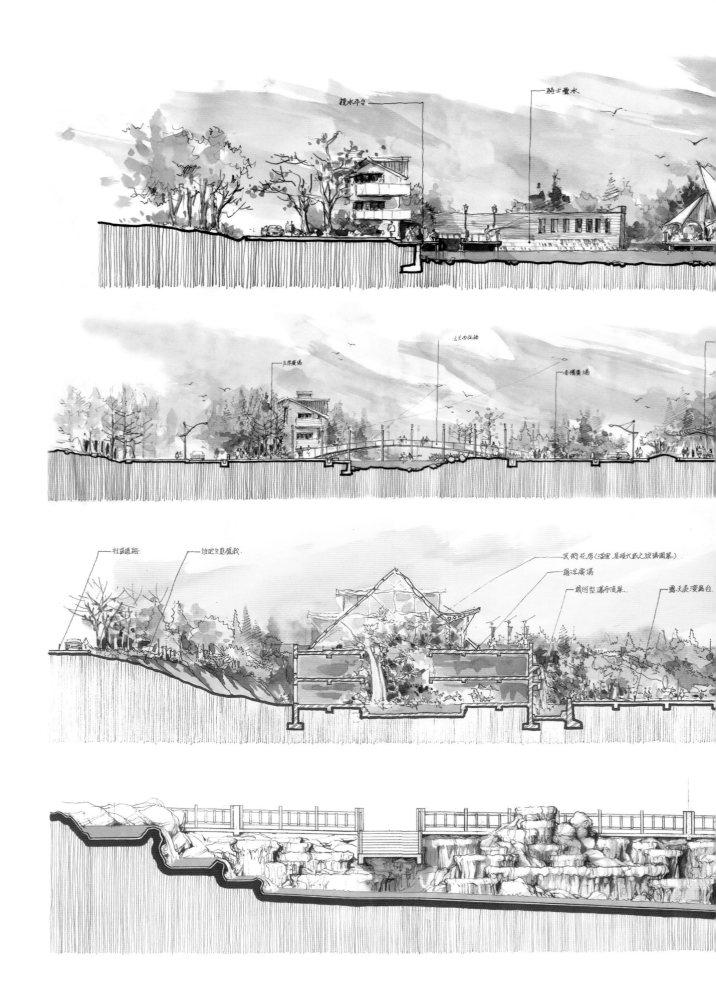

图3-1　大范围长剖面表现参考图

大范围的长剖面图通常更具有景观说服力，要注意的是剖线的选择应在地形高程变化之处；还有手绘立剖面图的比例不宜过小，通常比例尺小于1：200的剖面图就不容易出彩

3.3　前后景的区分原则

剖线上的物体和后方(远景)的元素应尽可能加以区分(包括色彩、质感等),才不至于造成视觉上的困扰。原则上近景与远景的相对关系可以从几个方面来加以区分,彩度方面"**近高远低**";色相方面"**近暖远冷**";质感方面"**近细远粗**";细致度方面"**近繁远简**"。熟记这些原则并不困难,然而初学者要在落笔的当下,同时满足服膺上述的每一条原则却不是那么容易。除此之外,所有关于艺术的原则还是会有特殊的情形出现,那也许正是艺术专业有别于其他专业的所在。但是无论如何,先掌握基本动作(原则)是寻求突破超越的不二法门!

3.4　适当说明结构或工法的专业剖面图

立剖面图配合交代重要设施物的断面结构(构造形态),一方面可以暗示设计者的丰富实务经验和方案的落实性;另一方面可以直接增加图说内容的丰富性。根据过往的经验,即便只是概念方案设计,借由合适结构观念的支撑,极可能得到更多的肯定与认同。

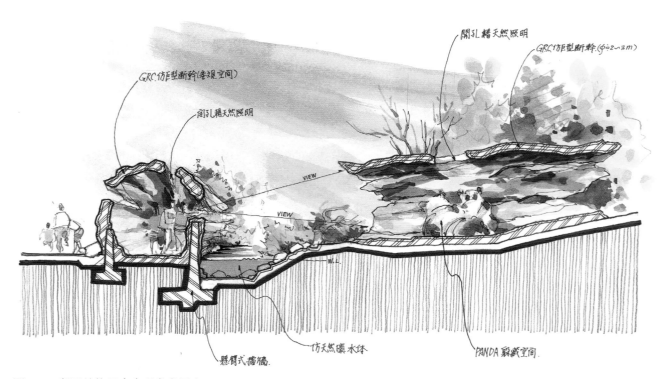

图3-2　断面结构示意表现参考图 |

在剖面图中适当交代重要设施物的结构形态,一方面可以暗示设计者的丰富实务经验和方案的落实性;另一方面,可以直接增加图说内容的丰富性

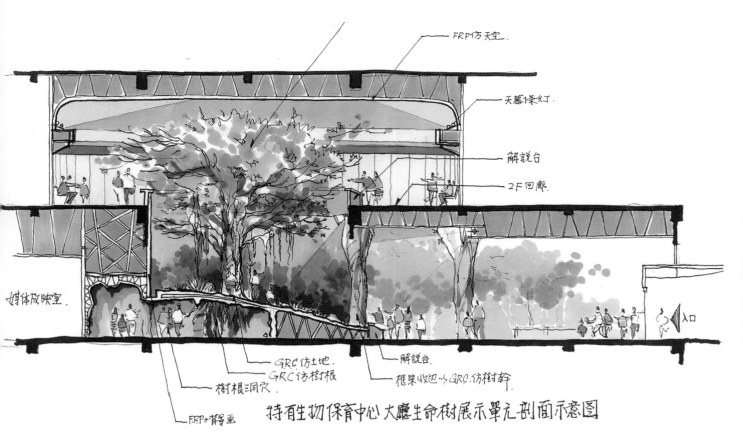

特有生物保育中心 大廳生命樹展示單元剖面示意圖

图3-3　断面结构示意表现参考图 II

在室内展示空间的设计剖面图当中,概略绘出建筑的本体结构形态以及装修构造物也是相同的道理

0　　5　　　15　　　25M

图3-4　断面结构示意表现参考图 III

即便是在某些比较概念性的断面示意图中,适当地让关键的挡墙、柱墩结构型式呈现出来,往往能使表现效果加分

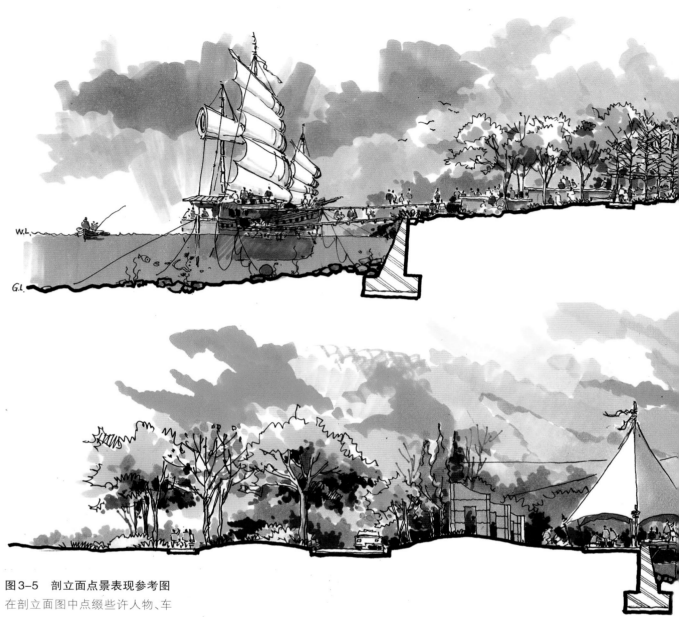

图3-5 剖立面点景表现参考图

在剖立面图中点缀些许人物、车辆等共识性之体量元素,不但可以借此说明设计的空间尺度,也能增加图面的活泼感与亲和性,通常更具有说服力

3.5 剖面图点景的必要性

合适地点缀些许人物、车辆等共识性之体量元素,不但可以借此说明设计的空间尺度,也能增加图面的活泼感与亲和性。当然,这些点缀性的元素的确不属于景观设计内容,必须在平时下点工夫练习,才能在需要的时候派上用场。事实上就作者本身的实践经验来看,绘图者如能具备一定的绘画基础,即便面对从未画过的事物,也能在很快的时间内掌握到表现的要领;但如果自身并不具备绘画基础,那就有需要刻意练习默画几组人物、车辆等点景元素。

3.6 背景及剖面线（G.L.线）强调秘诀与魅力

一条剖面线和剖线上存在的景物其实内容有限,因此如果单单将剖线的情况及其上方的事物描绘出来,其结果往往十分虚弱而单调。当然,在特定情形下简单也是美,但在大多数的时候,借由背景和剖面线(G.L.线)的强调,能够起到相互帮衬的效果。

适当强化剖线(G.L.线)下方的土壤基座,一方面能衬托剖线上地形起伏的状态,同时也能够增加图面的表现张力。

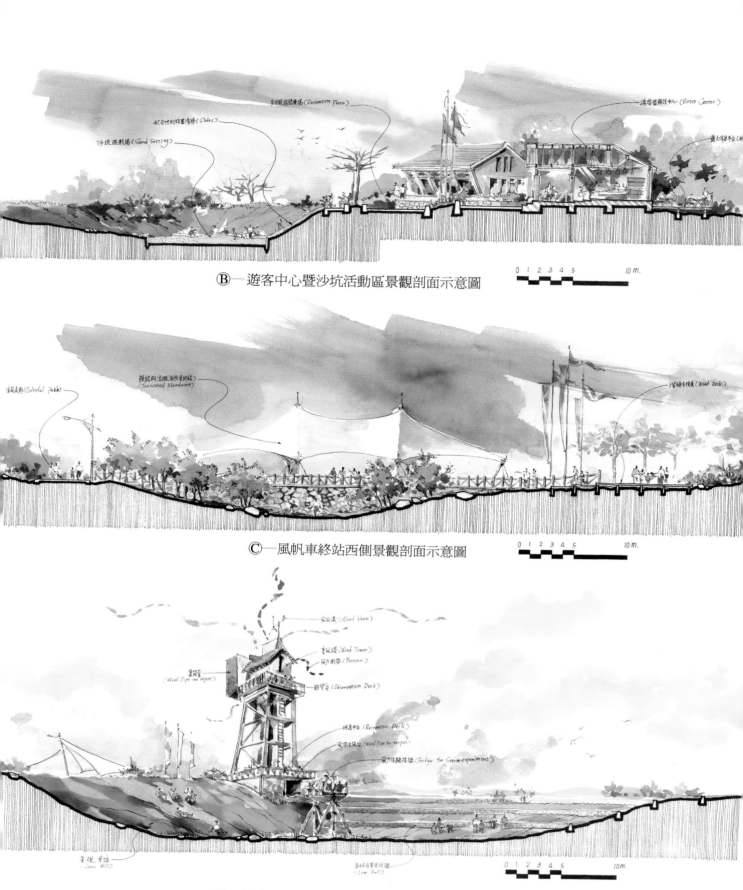

Ⓑ—遊客中心暨沙坑活動區景觀剖面示意圖

Ⓒ—風帆車終站西側景觀剖面示意圖

Ⓓ—風力體驗區（風之谷）景觀剖面示意圖

图3-6　剖面线下方土壤表现参考图

在剖面图剖线（G.L.线）下方添加表现质感的线条，将土壤与地形结合成块面，如此能让图面显得更具整体性

3.7　基本剖立面图上彩的步骤程序

　　一般来说,剖立面图上彩表现的时候,从天空和远的地方画到近处的地方是比较不容易犯错的作法。要选择彩度低而明度高的颜色先画,如此,后续加上的色彩才能够充分遮蔽而得以适当修正。鲜艳的颜色和点景的元素永远都是最后进行,如此,在时间掌握上才能做出周到的安排。以下便以几组表现步骤图说明剖立面图的绘制秘诀。

　　剖立面图上彩的基本步骤与原则要领——以一个山地别墅院落阶梯花台剖面图为例。

图3-7　剖立面表现步骤示范图A-Ⅰ
从背景和天空入手一般较为合适,一方面因为远景和天空色彩较淡,可以被前景相对浓重的色彩压盖住,如果开始画得不理想还有机会修改遮盖;另一方面如果时间不够,单以此天空背景的色彩衬托出前景的主体也能差强人意

图3-8　剖立面表现步骤示范图A-Ⅱ
紧接着选择地被及灌木草花等较大面积的景物先做处理,要注意的是任何图面如果要表现生动,都必须设定光源方向再进行上彩,如此,阴影和暗面的位置才能协调统一

图3-9 剖立面表现步骤示范图A-Ⅲ

接着仍然针对较大面积的植栽（乔木）部分进行上彩

山坊别墅AA'剖立面图.

SCALE 0 1 2 3 4 5M

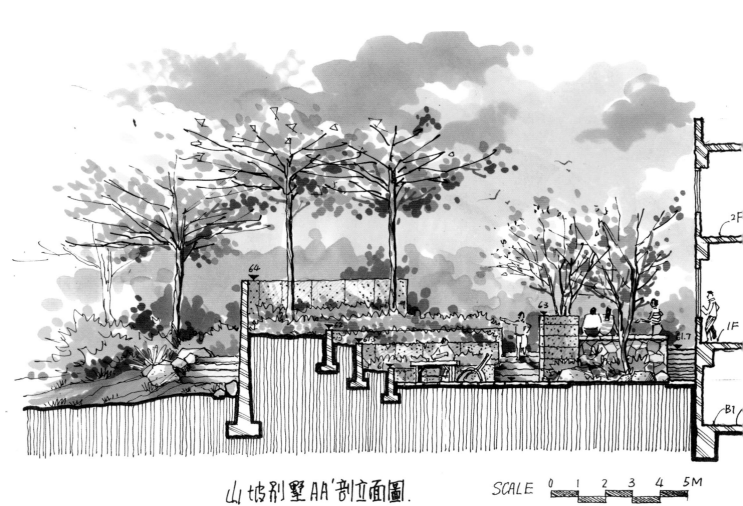

山坊别墅AA'剖立面图.

SCALE 0 1 2 3 4 5M

图3-10 剖立面表现步骤示范图A-Ⅳ

最后针对墙体、开花树及人物点景作最后的整理

剖立面图上彩的基本步骤与原则要领——以一个入口照壁落水景墙立面图为例

图3-11 剖立面表现步骤示范图B
同样从背景和天空入手,其次是中景部分,最后刻画前景及点景。需要注意的是前景整体的色彩应比背景更鲜艳浓郁

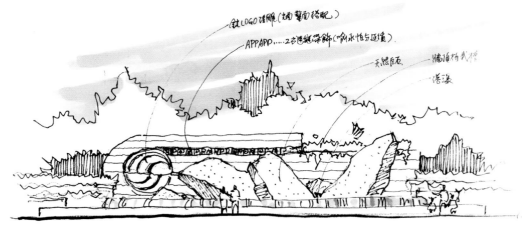

图3-12 剖立面表现步骤示范图C

从背景和天空入手,将背景的树林与中景的块石加以表现,岩石的明暗需先设定光源方向再加以表现,
最后才处理前景的植栽与人物点景

3.8 光与影的魅力

　　年轻的设计师在绘制立(剖)面图时,经常会面临设计内容的主角与配角(附属物)不知如何表现:画少了,显得图面单薄松垮;画多了,又担心喧宾夺主。因此,设计师首先得清楚地了解什么是主角,什么是配角。通常在剖切线上的景物,特别是自己设计安排的部分,是毋庸置疑的主角;而在主角身后,或非属于设计师安排设计的现况则为所谓的配角。配角还有重要配角和次要配角之分,通常取决于它与主角的关系。一般而言,与主角(主题)挨得越近越有其一定的分量,这个判断方式虽不是百分之百准确,但可以作为多数情况推断的依据。设计师当对主角、重要配角和次要配角……,给予不同程度的描绘。正所谓的"重画"与"轻画"的道理。"重画"指的就是精细描绘,除了描绘的精致度之外,笔触更需严谨,用色的彩度相对更鲜明、更具变化性;而"轻画"则暗示着相对粗略的描绘,笔触更狂放,用色的彩度相对更混浊低调、更单一简洁。

　　这里特别要强调的是"重画"与"轻画"之间必须柔和过渡,如果转折剧烈就会显得突兀与做作,就像音乐演奏中的"渐强"与"渐弱","强"不可骤噪,"弱"也不应无声,都是同样的道理。以下笔者即根据项目操作,从中选择几张具有代表性的剖立面图,配合文字表述加以说明。

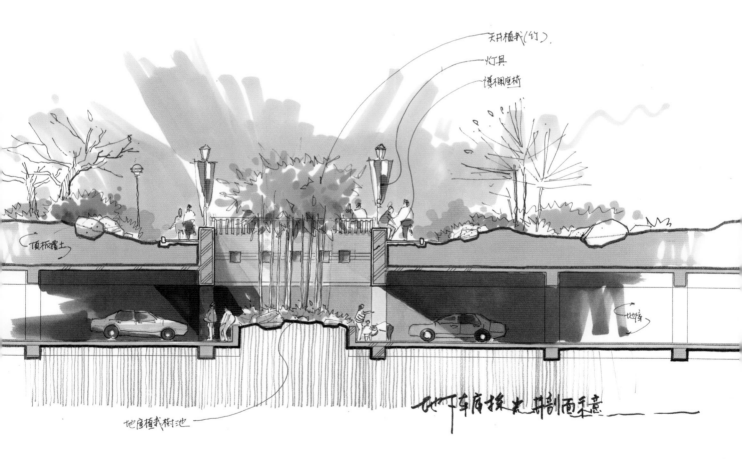

图3-13　小区地库采光天井剖立面图
地库的开口与护栏附近自是图面的主角,在剖切线上的地形堆坡、座椅、植栽……都是表现的重点,而地库楼板及其柱梁的结构是第一配角,远景的植栽、天空、顶板上的覆土和地库内的空间则是次要配角。如此将绘图表现的轻重加以安排,再配合适当的文字标注,就能够让图面显得生动又专业

图3-14 建筑侧边采光口及景观水池剖立面图

建筑侧壁的采光开口,一方面提供壁泉落瀑作为室内泳池的亮丽风景线;另一方面,池底钢化玻璃也作为地下停车场的采光孔,可谓一举两得。天空背景部分借由光影色块的夸张手法,暗示光线直射入室内及地库;另一方面,横向的线条有助于衬托出挡墙、植栽、灯具、堆坡、人物等垂直向的元素。图面左右两端,透过简洁而熟练的笔触迂回消失,让整体画面洋溢着艺术感与想象空间

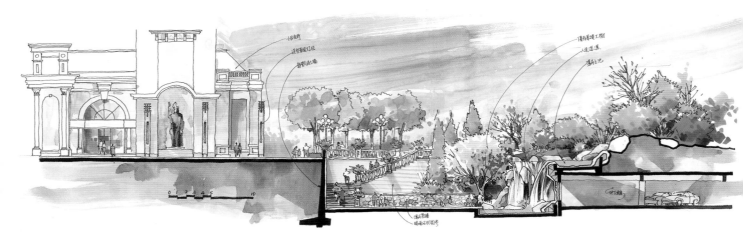

图3-15 会所旁下沉广场景观瀑布剖立面图

由于画面呈L型构图,选择天空背景的笔触自右上角刷入能使画面较平衡,也能够较好地衬托前景的事物。本图面初始的大色块系以透明水彩铺底,最后再辅以马克笔强化、细化。适当的文字标注能够提升画面的专业性

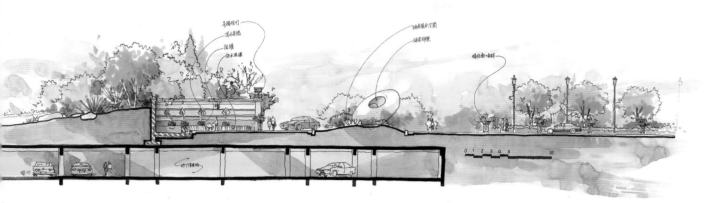

图3-16 入口广场壁泉雕塑剖立面图

地库顶板及堆土形态是本图的表达重点，在剖线上的壁泉景墙、植栽及雕塑是主角，地库内部及远景相对次要。画面初始先以和谐的淡橘黄色作为天空背景的铺垫；堆土部分则给予稳重的茶褐色；车库内先以冷色调的灰蓝加以铺垫，然后再示意性地给予光影暗示；车辆与人物都在间接诠释着空间的功能与尺度

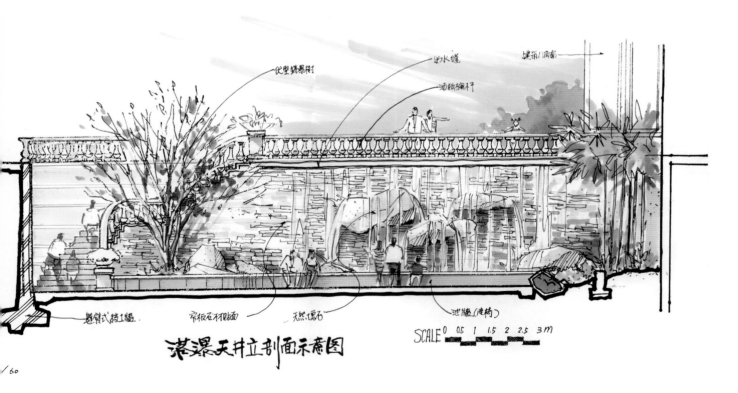

图3-17 天井岩墙落瀑立面图

天井内挡墙的岩块，透过暗影将块石的立体感衬托出来；以留白的技巧配合少量的水蓝色将瀑布的白链加以诠释；前景的植栽则给予清晰明亮的色彩，人物的点缀配合其身边、身后的暗影，使整体画面呈现出锐利的空间感与专业性

4 雅俗共赏的设计语言——示意图（透视图）

在所有类型的设计图当中，示意图可以说是最"平易近人"的，它能够直接将设计概念的最终成果直观地呈现出来。在过去3D电脑模拟技术还未发展之际，除了实体模型之外，手绘示意图或透视图无疑是最有力的沟通工具。如今，许多逼真的效果图已交由3D绘图人员操作，设计师仅需把设计概念明确地传达予绘图师，绘图师根据得到的讯息，根据空间或设施物的立体坐标建立三维模型，而后再依据需要的角度或画面将模型的材质、光影渲染出来。因此，现在的设计人员基本上不需要精细描绘建材外观质感，仅仅需要以草图勾勒出空间与造型的形式，最多也只需要概略地把光影或色彩加以交代，这样既能说明设计的意图又能突显出自信与经验。

为了让初学绘画者和年轻的设计师能够更有效地掌握手绘示意图的表现要领，笔者根据过去学画及具体设计操作的经验，配合图说汇整出以下几项绘制设计示意图的要点。

4.1 关于角度与视点的选择

选择合适的展现角度是表现成功的第一步。许多人误以为示意图的好坏关键在于绘图技巧本身，也就是线条、色彩和质感所呈现的效果，他们大多忽略了取景与构图的重要性。事实上，一张好的景观示意图必须能够传达设计的重点，因此，选择合适的展现角度自然是首要的条件，即便是以3D软件制作效果图，在建立基本模型之后决定渲染的角度，仍是至关重要的工作节点。选择良好的角度不仅可以说明设计的重点，同时必须是便于表现或容易表现。我经常见到许多不谙绘图的设计师，要求配合他的绘图助理去绘制一些"听起来就必然失败"的示意图面，比方说：期望某个前景的元素设法忽略，却要求另外一些中景或远景的元素突显出来……；也常遇到一些示意图，猛然看上去确实是张好画，但仔细再看却瞧不出几许设计的内容与设计师的企图。理想示意图的取景角度应该能够兼顾宏观的整体空间氛围与几处细部的重点聚焦，既注意到画面的艺术效果，也同时掌握到设计构想的意蕴。

除了大范围的全区鸟瞰外，在局部空间的透视图方面，可以尽量依使用者（观赏者）之常态视点（高度）来进行表现，一方面能够引起较强的共鸣，毕竟这样的视点经常可能有类似的观赏机会；另一方面，这种角度的图面相对比较容易绘制，因为后方的景物多数被前景遮挡，只需就显露出来的部分稍加交代即可，既省笔又省力，从经济角度而言，确是一种可以优先考虑的取景方式。

4.2 季节与时间的风采

绘制示意图时也应该考虑晨昏、天候及季相的配合安排，一方面透露出设计师对自然元素的掌握；另一方面可以使多张图面幻化出不同的风采，借此避免视觉疲劳感。

图4-1 黄昏的自然溪畔景观示意图

黄昏的晚霞映照着蜿蜒的溪水,正合水天一色的浪漫氛围。溪畔的块石与岸上的植栽当中也渗透着橘黄的色彩,即便是绿树
与草地的颜色也采用了混合橘黄色调的橄榄色,如此整张画面的色彩既丰富又统一在黄褐色调之中。画面中丰富的植栽色彩
既体现了秋天的季相,也反映着生态的多样性,而草坪与植栽的分布更彰显着疏林草原般的空间诗意

Sight Seeing Deck Concept image

图4-2　黄昏的人工驳岸及临水平台示意图

黄昏的晚霞映照在宁静的湖面,水面的倒影与涟漪占了将近二分之一的画面,华丽的色彩与浪漫的笔触为图面的艺术性奠定了基础,而步(慢跑)道蜿蜒于湖滨,滨水植栽与赏景台配置于平直的驳岸,也充分说明了设计者的巧思

4.3 狂野与细致

狂放的笔触与精细的描绘各有特色，唯应配合设计主题的诠释与整体风格的协调。设计者根据可使用的工具、媒材与时间来决定自己表现的方式与强度，不论是单单使用铅笔、钢笔或签字笔、马克笔、色铅笔、水彩或任两种以上媒材的组合，都能够不同程度地表现出不错的效果。

图4-3　帆墙跌水铅笔速写示意图
利用铅笔速写，只要掌握光影与重要肌理(质感)同样能够成为一幅具有说服力的设计示意图

图4-4　廊架端景示意草图
简单的笔触与大胆的色块往往更能突显设计师的自信。当然，笔触与色彩的狂放并不代表心思的草率与放荡不羁；相反的，简单的笔触与大胆的色块经常是"刻意营造出来的"！只要从透视的准确性与光影的正确性(一致性)来观察，就不难发现绘图者的良苦用心(笔调狂放而内心细致)

图4-5　林间碎石栈道示意草图
简单地以铅笔笔触配合水彩上色,同样可以展现不错的效果,要注意最好能选择磅数较大的纸张,否则很可能因为遇水而产生绉痕

图4-6　扇形花廊空间节点示意草图
背景的天蓝色和前景的"透明树"围合出了具体而明确的空间关系。这是景观示意图表现中十分有趣也非常独特的表现手法

图4-7　庭院弧形景墙空间示意草图
简单地以铅笔线条加上马克笔清晰明朗的色块,将宅院景墙、植栽与水池的关系呈现出来

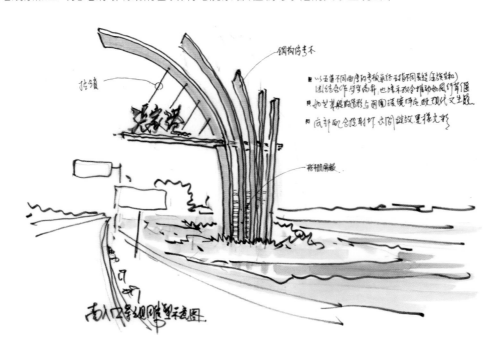

图4-8　道路门户意象概念示意草图
以描图纸叠于现勘照片之上,很快地将消失点找出,并以签字笔勾勒道路基本型态,再依此消失点将计画配置的景观构筑物描绘出来,最后施以非常简洁的色彩区分出水体、植栽与构筑物即可

4.4　两种图面结合的效果

　　示意图结合平面图共同表现，经常会产生意想不到的效果。通常在草案阶段，设计者的思路不应该仅仅是单一的平面布局，而是包含了平面与各个立面空间的相互关系；因此，在平面配置的图面四周，如能配合以示意空间表现图将可以更大程度地将设计理念传达明确。当然，透过电脑排版的辅助，示意图未必需要直接在同一张纸上描绘，也可以在其他纸张分开绘制完成之后，再进行版面组合。不过，手续增加时间也就自然增加，对于竞争激烈的设计职场而言，理想的操作效率也是设计业务生存的重要依托。能够在有限的时间和资源条件下，快速地将直观有效的讯息传达给被服务的对象（甲方）向来都是拓展设计业务时追求的理想状态。

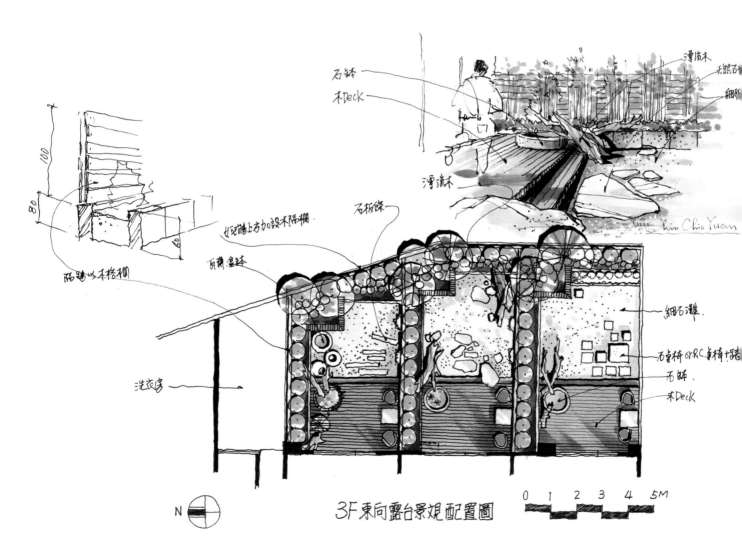

图4-9　阳台配置与示意草图结合案例
这仅仅是一张A4大小的纸张，可以透过平面图与示意图清楚地表达设计的意图

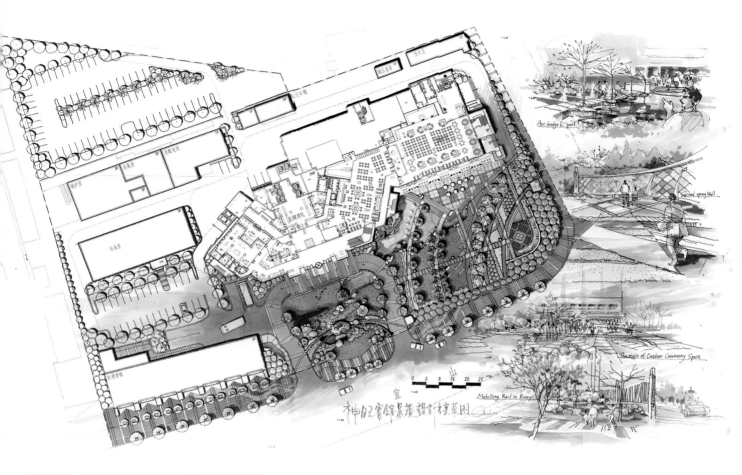

图4-10 酒店广场配置与示意草图结合案例

这是一张A2尺寸的配置图,配合三幅简单的局部景观空间示意图。整张画面系利用水彩打底后配合马克笔上色而成。刻意将颜色与笔触相互穿插、渗透,让整体画面显现出设计的张力与艺术的魅力

4.5 景观示意图表现步骤

　　一直以来许多同行的朋友和学生都曾向我表示"在运用马克笔绘制示意图的时候,往往不知道表现的重点,也不知道如何进行才是最理想的表现程序"。其实,就绘画艺术的手法而言,并无所谓的标准答案,但是就合理的色彩运用及有效率地操作设计工作而言,确实有某些原则与经验,可藉以避免不必要的技术困扰,也比较容易传达出稳定娴熟的特质。在此特将作者过去实践操作中刻意积累下来的作品及其创作步骤——说明呈现,希望能给学习者些许启发与帮助。

图4-11 花架节点空间示意图绘制步骤Ⅰ

根据景观配置的内容将空间元素：草丘、滑道、步道、花池、凉架、坐椅、植栽、块石及人物，以2B铅笔绘制草稿于A4复印纸。要注意的是控制构图的大小，避免在纸张上顶天立地，最好能先预留天空、地面色彩表现以及四周围色块运笔挥洒的空间。从最远的背景天空着手，以霜蓝色（Frost Blue）作为第一道底色是比较稳妥的做法，因为较浅淡的色彩即便画得不合适，也可以通过后续深色的叠压而取得补救的机会

图4-12 花架节点空间示意图绘制步骤Ⅱ

紧接着仍从大面积而浅色的部分着手，包括草地的黄绿色（Yellow Green）及铺面的乳白色（Milky White），将画面中的基础色彩优先铺陈

图4-13 花架节点空间示意图绘制步骤Ⅲ

以淡紫色(Mauve Shadow)表现远方的树丛；另以柳叶绿(Willow)表现草坡和灌丛上的第一道褶皱阴影面

图4-14 花架节点空间示意图绘制步骤Ⅳ

另以熏蓝色(Smoky Blue)表现远树的阴影；砖褐色(Brick Beige)作为花架木质的基调和地面的第一道暗影；以浅冷灰色(Cool Gray No.2)表现不锈钢滑道的阴影部分

图4-15 花架节点空间示意图绘制步骤Ⅴ

用鹿皮棕（Chamois）表现花架木质的阴暗面；以稍微鲜亮的数个色彩表现花池中的灌丛

图4-16 花架节点空间示意图绘制步骤Ⅵ

运用浅紫丁香色（Pale Lilac）及浅橘色（Light Orange）表现花树的色彩；以浅胡桃色（Light Walnut）表现树干并加强花架的阴影；以蓝绿色（Blue Green）作为远景树下的第二道阴影；另借由深、浅绿色表现前景花架立柱落在草丛上的阴影；以棕灰色表现坐椅下方的阴影

图4-17　花架节点空间示意图绘制步骤Ⅶ

将天空的霜蓝色（Frost Blue）渗透一点到滑梯的金属表面；最后以肤色及较为鲜艳的色彩表现人物。适当地留白也是重要的技巧，特别是场地缘石收边的顶面、铺面以及部分人物的服装……，都是以留白作为突显的方式

典型的马克笔景观示意图表现程序示范 II（临水曲径空间示意图）

图4-18 临水曲径空间示意图绘制步骤 I
根据景观配置的内容将空间元素：块石景墙、步道、水池、块石、植栽及人物，以2B铅笔绘制图稿于A4复印纸

图4-19 临水曲径空间示意图绘制步骤 II
从最远景（天空）和步道中颜色最浅的部分着手，以淡紫色（Mauve Shadow）及乳白色（Milky White）作为第一道底色的铺陈

图4-20　临水曲径空间示意图绘制步骤Ⅲ
以浅绿色将远景及中景亮带的植栽部分先作表现

图4-21　临水曲径空间示意图绘制步骤Ⅳ
将天空的淡紫色（Mauve Shadow）渗透到水面上，再以熏蓝色（Smoky Blue）表现水边的暗影，透过笔触配合适当留白，将水面的波纹与涟漪以写意的方式加以诠释。此时，就快速设计空间表现而言，效果基本已经足够

图4-22 临水曲径空间示意图绘制步骤 V

以砖褐色（Brick Beige）将步道的色彩及暗部加以表现；以较为鲜亮的绿色表现局部低矮的灌木植栽

图4-23 临水曲径空间示意图绘制步骤 VI

再以黄绿色（Yellow Green）、柳叶绿（Willow）和浅紫丁香色（Pale Lilac）将灌木的进一步层次表现出来。这时也可顺道采取些许多样化的活泼色彩，将人物点景加以诠释

图4-24 临水曲径空间示意图绘制步骤Ⅶ

最后再将水岸块石阴暗的块面与倒影表现出来；道路两侧的乔木根据画面，在不影响到空间元素的前提下适当润彩，不宜过量或画得太满，保留一部分天空与远景的色彩是确保画面稳定、完整的秘诀之一

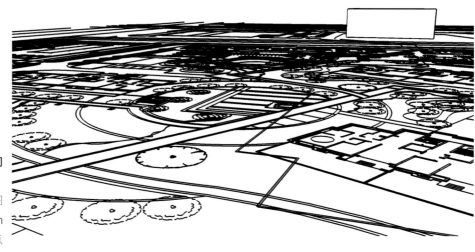

**图4-25 某小区核心广场空间
示意图绘制步骤Ⅰ**

首先将AutoCAD的平面配置图
置入3D软件（3D Max或Sketch
Up）当中，而后选定合适的视点
角度，再打印出来如上图

**图4-26 某小区核心广场空间
示意图绘制步骤Ⅱ**

再将前张底稿以描图方式套绘在
一张A3复印纸上，然后以三到四
种浅绿色将大面积的地被基调表
现出来；以乳白色（Milky White）
表现广场铺面的基调；再运用深
浅两种灰色将局部的道路及景墙
依假设的明暗光影加以诠释

**图4-27 某小区核心广场空间
示意图绘制步骤Ⅲ**

以三种深浅蓝色及淡紫色
（Mauve Shadow）将水面加以表
现，然后以深浅褐色及咖啡色表
现前景的乔木，另利用多样活泼
的色彩表现地被下木

图4-28　某小区核心广场空间示意图绘制步骤Ⅳ
最后以相对鲜艳、活泼的色彩将人物、盆钵等点景加以润饰,整张画面就基本完成

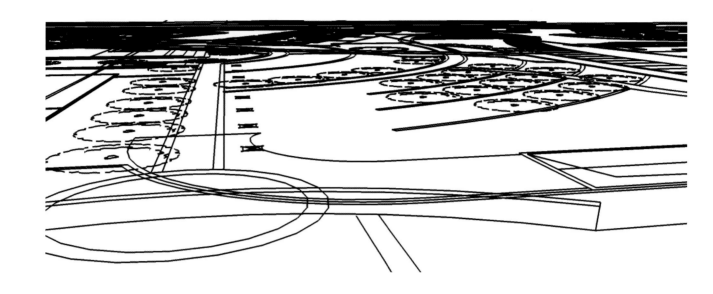

图4-29 轴线弧墙空间示意图绘制步骤Ⅰ

首先将AutoCAD的平面配置图置入3D软件(3D Max或SketchUp)当中,而后选定合适的视点角度,再打印出来

图4-30 轴线弧墙空间示意图绘制步骤Ⅱ

再将前张底稿以描图方式套绘至一张A3复印纸,然后以三到四种深浅绿色将大面积的草地基调表现出来;另以乳白色(Milky White)表现广场铺面的基调;再运用深浅两种灰色将局部的道路及景墙依可能的明暗光影加以诠释

图4-31 轴线弧墙空间示意图绘制步骤Ⅲ

以两种黄色搭配浅棕色（Light Suntan）将左侧的一排银杏加以表现，借此表现出秋天的季相；而后以深浅褐色及咖啡色表现右方的乔木树阵；另以三到四种稍为鲜艳的色彩表现前景地被植物

图4-32 轴线弧墙空间示意图绘制步骤Ⅳ

以相对鲜艳及活泼的色彩表现人物、盆栽等点景，整张画面就基本完成。值得一提的是，右下方的车库引道玻璃盖顶，系借由霜蓝色（Frost Blue）和浅灰色（Cool Gray）配合适当留白加以表现，虽然只有三到五笔，却将引道开口的深度、顶盖的结构和玻璃顶的透明感一并呈现

图4-33　轴线弧墙空间示意图绘制步骤Ⅴ

由于原先的线稿是以铅笔绘制,如果润色完成后仍觉得有些模糊,可以再利用针管笔或签字笔做最后的勾边精画,但要注意千万不要全面将轮廓勾边,那会显得死板生硬,只需要在前景、重点或阴影之处加以强调即可

以马克笔表现大范围景观鸟瞰图的操作程序示范

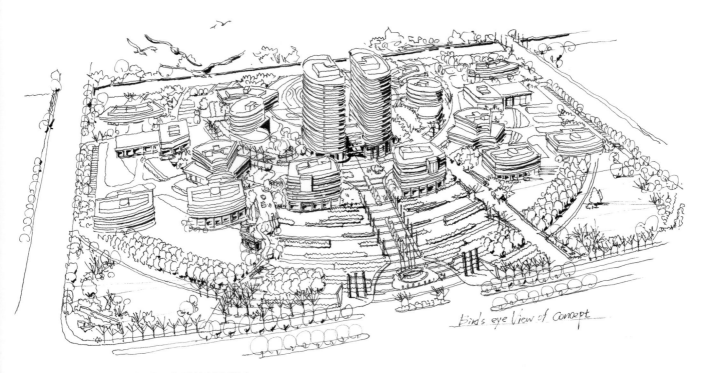

图4-34　厂办园区鸟瞰示意图绘制步骤 I

这是一张A3尺寸的表现图。由于建筑部分已经有了3D模拟的效果图,因此只要将景观的平面配置内容与建筑体结合,通过SketchUp将概略的框架把握之后,直接以签字笔或代针笔将线稿提炼到描图纸上即可。准备上色的图稿只要再透过影印机复印在白纸上,就可以直接以马克笔上色了。万一需要调整,只要再把原稿配合修正液修正再复印即可重新上色了。在绘制线稿的同时,假设日光方向来自画面的左上方,可以先以较粗的签字笔强调重点部分的阴影.

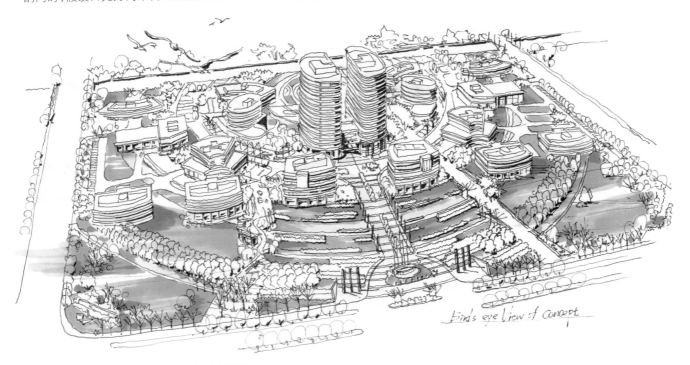

图4-35　厂办园区鸟瞰示意图绘制步骤 II

以乳白色(Milky White)、鹿皮棕(Chamois)等颜色,将画面当中可能的浅暖色部分优先加以铺陈
其次以深浅绿色将景观空间的底层也就是草地表现出来

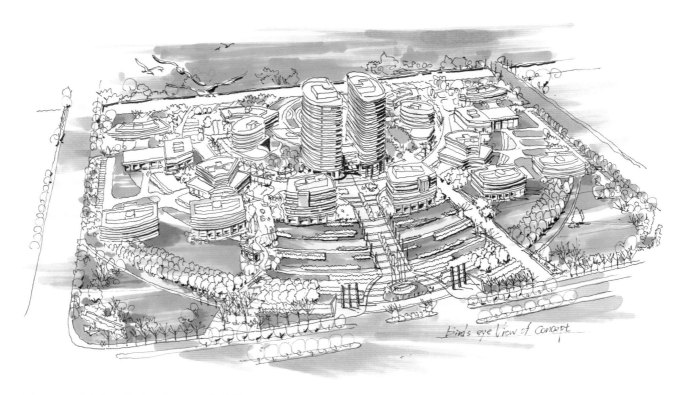

图4-36 厂办园区鸟瞰示意图绘制步骤Ⅲ

而后以较浅的冷灰(Cool Gray)和暖灰(Warm Gray)将道路部分做一基本铺陈；另以淡绿色(Pale Green)和淡紫色(Mauve Shadow)将远方的地面加以补充,使画面延伸而显得更加完整

图4-37 厂办园区鸟瞰示意图绘制步骤Ⅳ

以较深的暖灰(Warm Gray)和紫灰(Grayish Lavender)将道路的暗影加以强调,必须说明的是,道路的暗影不仅仅是路旁的植栽或构筑物遮蔽而形成,它也可能是天上游走的云朵遮蔽阳光所造成。以深浅绿色和黄色将各区域乔木树冠赋予色彩；另以霜蓝色(Frost Blue)、冰蓝色(Ice Blue)与熏蓝色(Smoky Blue)将河道沟渠的水面加以诠释

图4-38　厂办园区鸟瞰示意图绘制步骤Ⅴ

最后以活泼的色彩将灌木或开花地被加以表现；另以较深的蓝色、绿色将可能最阴暗的部分加以强调，亦可再使用黑色的代针笔或签字笔加以补充，做最后的细部整理一般而言,欲运用透明水彩来做绘图表现,首先得对媒材(也就是水彩)有一个基本的认识与了解。因为水彩颜料的基本色彩有限(通常就12到24个基本颜色),操作运用的时候,多数颜色必须借由绘图者自己调色来达成,因此,使用者必须具备一定的颜色调配的能力。其次是水分的掌握与控制,欲达到渲染缝合的效果就必须提高水分的含量;相反的,如果想要造成颜色叠加区分的效果,则必须降低用笔时的水分含量。另外,必须注意的是,透明水彩的覆盖力有限,颜色如果重复叠压往往会显得污浊,因此,除了刻意要造成渲染缝合效果的部分,多数区域的色彩应该还是以"一步到位"的做法较为合适。一般情形,透明水彩上色基本步骤的七大原则包括:1. 由远而近;2. 由上而下;3. 由左而右(左撇子相反);4. 颜色由浅而深;5. 由暖色而冷色;6. 水分控制由多而少(由湿而干);7. 由整体而局部。

充分理解并掌握这七大原则,灵活运用将可以快速地提升水彩表现的能力。以下便以几张示意图例,具体说明透明水彩上色表现的方法。

以透明水彩表现景观示意图的操作程序示范:此范作为一生态型的草坪广场,周边为由块石围成的矮墙坐椅;沿着外圈有步道和自行车道;远景为茂密的树林;近景由几棵高大的乔木及灌木组成,视点正好自树下前方望出去,是一个具有空间表现力的观赏角度。表现者期望透过色彩的选择,表现出傍晚时分居民下班、下课后来此活动休闲的景象。

图4-39 同心圆下沉草坪广场水彩表现示意图绘制步骤Ⅰ
首先是利用铅笔简略地将草稿绘制在水彩纸上,如果透视没把握可以利用3D软件加以辅助,但要切记在水彩纸上不应画得太重,只要隐约可见就已足够。本书此图图面是为了便于让读者观看,因此将线条浓度加深,实际情况是这个阶段的线条画得极淡,几乎像是一张白纸

图 4-40　同心圆下沉草坪广场水彩表现示意图绘制步骤 Ⅱ

色彩由浅而深，由远处开始着手。天空、远山及近景都必须是同时考虑，在表现草地的同时，要记得将道路及阶梯景墙部分预留下来

图 4-41　同心圆下沉草坪广场水彩表现示意图绘制步骤 Ⅲ

表现前景的草地及步道，并以较深的绿色及紫灰色将阴影诠释出来。选择黄色、橘色将前景的草花灌木初步加以表现

图4-42 同心圆下沉草坪广场水彩表现示意图绘制步骤Ⅳ

以土黄色、褐色及深咖啡色将中景的乔木描绘出来。在描绘的同时,除了注意光影的来向之外,还须留意树型的把握。在活动场地四周,如果树冠分枝过低就可能影响活动的进行,也可能造成视觉空间遮蔽,进而影响示意图内容的说明。因此,刻意将树干抽长、树冠画高,让下方的活动空间显现出来十分重要

图4-43 同心圆下沉草坪广场水彩表现示意图绘制步骤Ⅴ

最后以相对鲜艳的色彩将点景的人物描绘出来,然后以铅笔或代针笔重点勾勒,再将前景的乔木树干、树枝的轮廓以单线刻画出来,借以说明空间的关系却不致遮挡住后方的景物。这个画法是针对说明设计内容之用,基本不用于其他一般绘画艺术创作当中

图4-44　厂旁溪涧绿地空间水彩表现示意图绘制步骤 Ⅰ

首先仍是利用铅笔将草稿简略地绘制在水彩纸上，只要隐约可见即可，特别是背景（远景）的轮廓要格外轻些，因为那部分的色彩较浅无法遮盖铅笔的线条，而天空的云彩基本不需要起稿，只要把云彩的颜色和形状放在心里即可，正所谓"意在笔先"

图4-45　厂旁溪涧绿地空间水彩表现示意图绘制步骤 Ⅱ

水彩上色时先从天空与背景着手。前景浅色的部分也可以结合背景的色彩，一次性同时表现，值得注意的是远景的表现必须把握时间，才能把色彩融合的渲染效果做到理想。上色的基本顺序同样是由浅至深、由暖而寒。当然，在适当的地方留白也是重要的课题，这是需要事前计划好放在心里，上手时尽量试着去控制，但不可太过刻意，因为手绘表现，特别是透明水彩表现的境界在于潇洒流畅、随心所欲。有时候，"少量的不精准"经常能给予人一种不拘泥小节、瑕不掩瑜的大气；过分的刷洗与刻描反倒显得拘谨与匠气

图4-46　厂旁溪涧绿地空间水彩表现示意图绘制步骤Ⅲ

依次再将中景、前景的底色表现出来,初习者当注意色彩叠合的目的是增加画面的丰富性并画出更多的事物,千万不可将前面步骤所做的色彩铺垫全数(或是接近全数)遮盖,那样会造成透明水彩的穿透性(透明度)大打折扣,而使得画面显得污浊琐碎

图4-47　厂旁溪涧绿地空间水彩表现示意图绘制步骤Ⅳ

以深浅绿色描绘中前景的乔木;以较鲜艳的色彩表现水滨的灌木花草,再根据水岸边的植物情况描绘水中的倒影与涟漪

图4-48 厂旁溪涧绿地空间水彩表现示意图绘制步骤Ⅴ
最后利用带针笔将前景的树木和人物点景勾勒出来,再适当给予润色,即告完成

以透明水彩表现大区域景观鸟瞰图的操作程序示范见图4-48~图4-52。此一示范作品为莺歌溪畔的水岸城镇景观:溪流与道路蜿蜒交织;建筑错落有致;山林郁郁葱葱。利用水彩渲染的手法,将非重点区域及远景部分迅速润色到位,再透过干笔的描绘,将主要景观及前景部分诠释清楚;半空中的飞鸟与热气球的点缀,将溪谷空间衬托得生动有趣。

图4-49　溪畔水岸城镇鸟瞰水彩表现示意图绘制步骤Ⅰ

透过航拍照片及LandDad软件架构的地形模型辅助,起草整体溪流山谷的空间鸟瞰透视图。同样,为了让透明水彩的表现更淋漓尽致,起稿的铅笔线必须尽量轻些,以免清稿时造成麻烦

图4-50　溪畔水岸城镇鸟瞰水彩表现示意图绘制步骤Ⅱ

以透明水彩画表现图的时候,利用大渲染技法是一个不错的选择。首先将整张纸刷湿,在半干的时候上手,由远景而近景,从浅色而深色循序铺陈,在此同时,适当地将高光留出

图4-51　溪畔水岸城镇鸟瞰水彩表现示意图绘制步骤Ⅲ

紧接着将次一层相对阴暗的色彩与光影加以表现

图4-52　溪畔水岸城镇鸟瞰水彩表现示意图绘制步骤Ⅳ

在第Ⅲ、Ⅳ步骤中，就是依照自己设定的光源情况开始渲染，色彩方面由浅而深；水分控制方面由多而少；笔触方面由大而小，逐步加以完善

图4-53 溪畔水岸城镇鸟瞰水彩表现示意图绘制步骤Ⅴ

由于点景的元素相对细致,前面留白的过程并不容易控制。事实上,留白控制得过分也可能会影响到其他渲染效果的整体性。

因此,适当的利用一些广告颜料或修正液做事后的补光,只要数量不多,控制得宜,一般还是可以被接受的

4.6 景观示意图作品的观摩与借鉴

景观示意图与绘画艺术中的风景画在技巧方面有着一定程度的相似性,所不同的是,一般绘画写生描绘的场景多以既存景物或已建造完成的空间为主,绘图者置身其中,实地观察感触之后再提笔描摹;而景观示意图绘制则需要创作者运用更多的想象力,方能使尚未建构出来的场景跃然纸面。在本节笔者搜集整理过去事实务工作中所绘制的一些园林景观示意作品,包括构想阶段的草图、设计过程中的辅助效果图、设施大样的示意图等等,直接就图面表现的成果加以分析说明,使读者得以更直观地了解并吸收示意图表现的要领与心得。

马克笔示意图表现作品

图4-54 水岸阶梯平台示意草图
利用铅笔和马克笔很简洁地勾勒出水岸空间的环境构图,透过笔触的挥洒与涟漪、倒影的交代,让整个景观空间洋溢着诗意与浪漫的气氛

枕面铺石精贴装饰
铺石不规则贴缝
含辟
瓦顶石（铺石）
铺石
卵石沟
灯
Zou
木
阶压顶

图4-55 台阶柱墩大样示意图

此为一高层住宅公共梯间入口前的平台空间。石材和线板的分缝与高低是表达的重点，务必在上手前设定光源的来向，唯有明确的光源才有助于立体感的呈现。另外，植栽的烘托也十分重要，色彩较活泼的植栽正好能与朴素庄重的石材质感形成对比

图4-56 商业街入口广场示意图

透过曲线的形式和活泼的色彩来诠释商业街热闹的氛围。值得注意的是,色彩虽然活泼但不显俗艳。其主要原因在于娴熟表达者工程建材的真实色彩(包括质感),在务实性的框架下,合理夸张诉求的重点,通常能够起到加分的效果

图4-57　组团轴线景观道路示意图

透过横向的几何线条与色彩,加强空间纵深的序列感。由于本案地下为架空车库,故覆土和荷载均有限制,树木植栽的规格亦须谨慎选择;地坪上的玻璃部分,也是配合地库采光的设想

图4-58　溪流栈桥与踏石空间示意图

天空的色彩和水面的倒影构成了本张画面的主色调,前景左侧的两棵"空心树"一方面与右侧的栈桥取得构图平衡,二方面加强了整体布局的空间感

图4-59　绿地轴线及绿被地景概念示意图

以铅笔简单地勾勒出场地的空间关系，再以马克笔简单润色。由于大范围的草坪与地被为基调，透过远景的花树和色叶树）及
人物的各色穿着，让整体画面增加些许活泼

图4-60　轮滑兼露天表演舞台空间示意图

圆形的舞台广场和曲线的看台坐椅在透视感的掌握方面有一定的难度,初学者需要经过多次尝试,必要时可以借由3D软件的协助,以确保透视的正确性

图4-61　中庭水景半鸟瞰示意图

这是一张从建筑二楼俯瞰中庭端景的空间示意图。由于二楼阳台空间在整体画面中是近景，人物的比例要相对放大，在地面上的人物则要相应缩小，同时地面的人物受到视点角度的影响，腿要刻意画得短些才会显得合适

图4-62 汽车城攀岩场景观空间示意图

环场的曲线步道的透视感必须正确掌握。借由天空斜走的云彩笔触,将攀岩墙顶端的几根旗杆衬托出来

图4-63 购物公园街角景墙示意图
画面上天空的色彩与地面的深灰色形成巧妙呼应,后方树林下方的空间,以紫灰色和深蓝色将前景衬出,并藉此表达植被的茂盛与浓密

图4-64 小区组团入口景墙空间示意图

没经验的设计师常常因为画树而将重要的景观空间或元素完全遮蔽。事实上,在高明的手绘效果图中,合适的树种固然是设计的重点,但是每一棵树应该采用何种表现方式,它最好生长至何种状态都是有讲究的。表现者务求把尴尬和不需交代的位置遮蔽,让需要表达说明的地方巧妙露出,在此同时,还要设法让整体画面合理协调

图4-65　佛朗明戈水舞雕塑广场示意图

铬黄色的银杏林除了说明季节时令外,也衬托了红色的佛朗明戈群舞雕塑,让画面的整体色调显得更为协调舒适。树林下方使用了一些蓝绿色和紫灰色,让树林显得更深远

图4-66　斗牛士景墙游戏广场示意图

背景天空放射状的笔触,让整体画面显得格外富有张力,中央的剪影景墙透过深浅红褐色的色块排布,仿佛被灿烂阳光投射,人物点景亦是说明空间尺度的重要元素

图4-67　小区组团转角坡地景墙空间示意图

右上方的天空背景暗示出了左侧背景的建筑体量,为了避免将景观设施和空间遮蔽,前景的乔木都故意采取了空枝疏叶的表现方式,地面上的两道色彩(浅灰和乳白),诠释着阳光的流淌

图4-68　小区组团绿地景观踏步空间示意图

踏石步道的弧度是空间透视的重点，由于假设光线自左上方而来，因此沿着步道两侧的草坡右亮左暗，垂直向的乔木树干与水平向延伸的灌木丛相互穿插，形成了画面的平衡。前方的"透明树"既传达了远近的空间关系，又不致造成背景的阻挡，是一组不错的安排

香樟2株

入户前道路
入前灌木植栽
扇形花架
弹性地垫

桂花

黄馨
景观堆丘
石板步道

图4-69 小区组团半圆形游戏空间示意图
这是一张半鸟瞰视角的局部空间透视图,透视的底稿可以借助3D软件辅助。植栽的树干与人物的腿部要稍加压缩以配合视角透视,花架下方的弧线挡墙光影要配合假设光源循序表现,如此才能使画面生动而具有立体感

图4-70　登山步道起点空间示意图

半鸟瞰的道路节点广场空间,场地铺面的光影与质感是近景强调的重点。利用深浅灰色加上笔触留白表现出闪耀的柏油路面,切忌一大片死灰色。中景草坡(坪)上的条石嵌草同样以留白方式表达

垂直挡水墙可藏匿
I期湖面

阶梯花坛

II期湖面

下沉道路
天然堆石或以GRC
地嵌灯
卵石回水溝

II期湖水阶梯落瀑
卵石回水溝

下沉式 跨道景观示意图

图4-71　湖中下沉步道景观空间示意图

刀切的霜蓝色天空背景,说明了建筑体的存在;根据设定的光源方向(左上方)来表现跌瀑面的光影;石头下方的瀑布水幕的
叉缝无疑是阴暗的部分,因此采用深灰与熏蓝加以诠释;走道上远小近大的人物,除了传达出游憩使用的功能外,也同时强调
了整体环境的空间感

透明水彩示意图表现作品

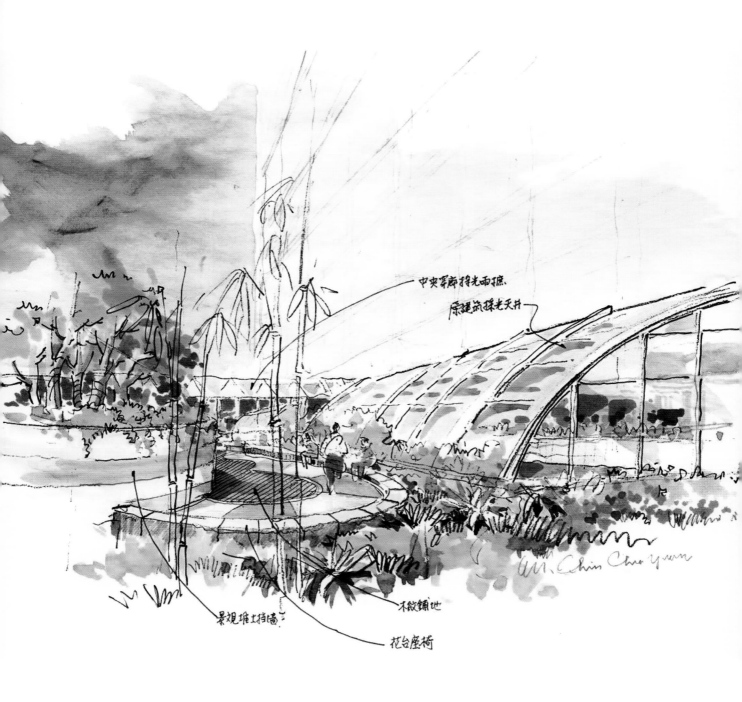

中央穿廊采光雨摭
原建筑采光天井

不锈铺地

景观堆土挡墙

花台座椅

图4-72　屋顶花园采光口空间示意图
在一般的A3复印白纸上以水彩表现必须简洁快当，否则纸张将会起皱得十分严重。透过水彩将基调色彩铺陈之后，再以马克
笔适量点缀是不错的办法

图4-73　圆环形小喷泉广场景观示意图

广场上的铺装色彩适当地与建筑立面呼应；采用钢笔墨线的透空盆钵植栽，避免将后面的花台水池遮挡。另外，留白的喷水是表现的焦点，除了喷水本身的明暗之外，也借由周围的色彩将喷泉衬托出来

图4-74　中轴花园景观示意图
背景的天空和两座高楼部分，借由大胆的渲染笔触把透明水彩的特点充分地发挥出来

图4-75 主题购物广场中庭景观示意图

丰富的色彩表达出商业空间的氛围；足量的人物点景也暗示商业经营的成功；背景的天空与中庭水道的色彩遥相呼应、相互渗透；船只的桅杆、摩天轮的结构与热气球的拉锁都与横向的空桥形成了竖横交织的平衡关系

图4-76　河面眺望滨水艺术中心绿地景观示意图

借由透明水彩干笔滚染与留白的控制,将背景天空的云影、阳光、远山与炊烟表达得淋漓尽致,中景的主题建筑采用暖黄色与蓝紫色的对比手法将屋顶的绚丽光线与门窗凹陷的玻璃质感诠释出来;河面上的帆船与倒影涟漪一方面呼应着天空的色彩,另一方面也反映着水岸上的事物。涟漪的笔触需要关照到远小近大的基本原则,但太过严谨也易显呆板僵硬,因此,在原则中寻求变化,在变化中自然整合,自当是艺术表现的关键所在

图4-77 水岸艺术中心户外景观示意图

铬黄色的黄昏色彩,从天空到建筑到水面,整体渗透,使整体画面色彩归于统合。中景水道两岸依循光源设定的来向进行处理。
前景草坡上的光影笔触系根据人物阴影的方向进行夸张强调,一方面符合光影来向原则;另一方面平衡构图关系,还能展现
艺术张力,可谓一举多得

图4-78　水岸草坡条石景观示意图
天空与水面的色彩协调呼应,可谓"水天一色"。湖面上的喷泉、条石的顶部亮面,背景的白花亮枝都可以借由修正液来做事后留白处理,这对于确保底色大面积的整体笔触的有一定的助益。透过整体色调的控制,让夕阳的霞光渗透到每个角落;局部的暗色乔木枝干,则把画面衬托得宁静而饶有诗意

图4-79　昨日台北城市景观鸟瞰示意图
利用紫灰色的基调来表达昨日污染的空气与阴沉晦暗的感受,当然,从画面艺术角度来说,统一的色调未必全是负面的效果,相反的,特定的色调经常具有不俗的表现力

图4-80 明日台北城市景观鸟瞰示意图

同样的一个视角,换上了另一种色调及植栽的点缀可以让人有另一种氛围的体验。蓝天与绿树是光明灿烂的象征,暗示着未来都市空间活力的苏醒

图4-81 欧式会所中庭水景空间示意图

欧式的建筑是景观空间的背景,以淡黄色的色块作为基础铺陈的底色,运用排笔大胆地甩出坚定的笔触,让画面洋溢着艺术的张力。中景的水池以留白诠释波光;以深色纵向的曲线表达建筑倒映在水中的影像,一旁的模纹花坛则利用深浅绿色强调出块面的阴影。同样利用大胆狂野的笔触交代出前景的草地与道路铺装,让画面的边缘逐渐消失,借以增加更多想象的张力

图4-82 商铺人行道空间示意图

以温暖的橘黄色作为大面积底色的铺垫，预留一定的空白展现阳光的灿烂；以少量鲜艳的色彩点缀窗上的光影与灯杆上的旗帜；行人、街灯与行道树的阴影是稳定画面的重点；前景添加的乔木枝干，巧妙地衬托出画面的景深与空间感

图4-83　淡水河口捷运站后广场绿地鸟瞰示意图
背景的天空与前景的水面相互辉映；远处的建筑体以方体块面光影逻辑上色；当中穿插的植栽由远而近其彩度依序增加；前景的码头栈桥与船只以干笔进行处理；右前方的几只飞鸟,巧妙地解决了画面空虚的问题

5 双管齐下的剖面示意图

我们常听到人说"设计工作是没底的",那意味着有多少时间就有多少工作量。的确,在过往从事设计的生活体验中,永无止境的追求完善正是设计工作的基本状态。在这样高强度、高压力的工作要求之下,能够学会事半功倍的表达方法就变得十分重要。

5.1 景观剖面示意图的定义

在一般设计制图领域中,所谓的"剖面示意图"顾名思义就是将所要表达的事物剖切开来,以示意图(透视图)方式表现其内在的结构与细部。然而,在景观设计中,除了一些细部设备与结构外,设计师还能利用剖面图作为基础,再将其外部景观的皮相(表面相貌)加以结合,变成为名副其实的"剖面示意图",有人称之为"剖面透视图",或简称"剖透图"。

5.2 景观剖面示意图绘制的重点与要领

既然是剖面示意图,其内容当然包含了剖面图和示意图两个部分,因此就必须兼顾到这两种表现技法的需求特点。就操作顺序上来看,建议学习者先选择必要的剖切线部位,明确剖面图看出去的基本方向后,接着思考看出去的偏移角度和视点角度,这个判断和决定十分重要,因为它决定着剖面示意图绘制的难易和整体图面展示力的优劣。建议操作者辅以单点透视图的构图技巧,选择合适的消失点,让画面构图自剖线上向后延伸至消失,再运用所有绘制示意图的技巧加以表现,便能顺利地将剖面示意图画好。

5.3 景观剖面示意图作品的观摩与借鉴

由于剖面示意图包含了剖面与示意两种图面传达的内容,所以通常会显得格外丰富多彩。本小节便以实际设计中绘制的剖透图作为范例加以说明,让阅读者对剖面示意图有更直观、更清晰的绘制概念。

图5-1　悬臂式挡土墙边坡剖面示意图

地形、挡土墙及边沟位置是原剖面图必须清楚考量的部分。背景天空的笔触方向有助于画面构图的平衡

图5-2　自然放坡剖面示意图

草坡的角度和截水沟的位置是断面图内容的重点，草坡上的钢笔线条，一方面暗示坡度；另一方面透过相互距离的逐渐缩减，强调出远小近大的透视空间感

天然块石挡墙

图5-3　块石挡墙边坡剖面示意图

坡地上下之截水沟及块石挡墙是剖面图交代的重点,将水沟、草坡、挡墙及植栽顺着左侧消失点延伸,在表现色彩及质感的时候应做到"近处细致,远处粗略"的原则

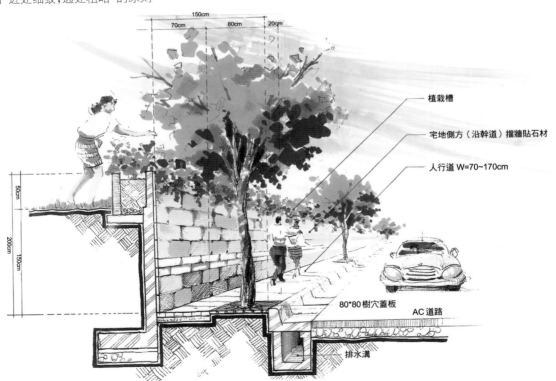

植栽槽

宅地侧方(沿干道)挡墙贴石材

人行道 W=70~170cm

80*80树穴盖板

AC道路

排水沟

图5-4　高庭院挡墙边侧剖面示意图

以剖面示意图来说明地形高差的处理方式,是再合适不过了。挡墙壁面上的石材由于视点压缩的关系,要把左右的长度画得窄些才会显得合适,局部强调些许土壤切面的质感,能够突显出剖切面的厚重感

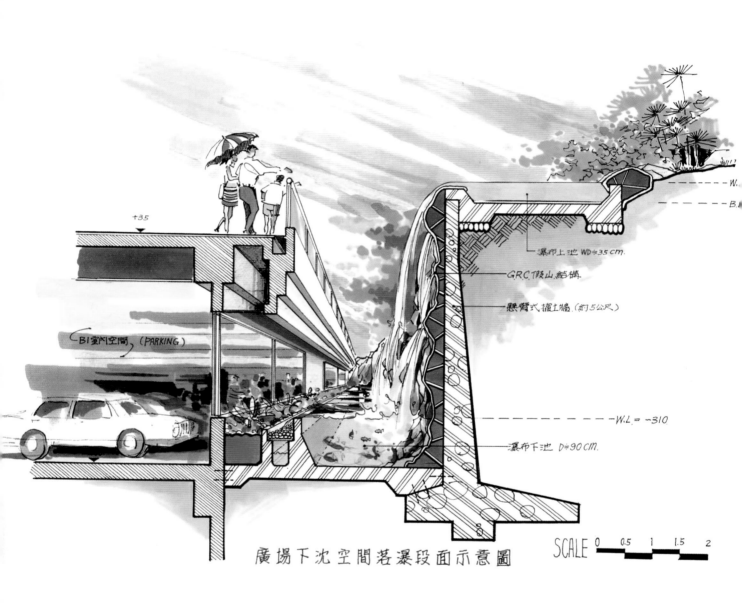

+35

B1 室內空間 (PARKING)

瀑布上池 WD≒35cm.

GRC假山結構.

懸臂式擋土牆.(約5公尺)

W.L.= -310

瀑布下池. D≒90cm.

W.L.

B.M

廣場下沈空間落瀑段面示意圖

SCALE 0 0.5 1 1.5 2

图5-5 地下车库天井落瀑景观剖面示意图

建筑板梁、挡土墙和GRC假山的结构,在剖面图上清楚交代,在天井当中选取消失点,便能够将天井四周的景物基本都表现出来;瀑布的落水当以留白方式体现;借由暗色强调出车库内的景深;在水中点缀些许水草游鱼,让画面增添些许活泼的趣味感

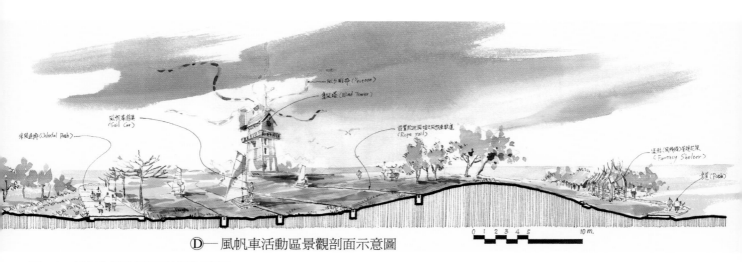

D——風帆車活動區景觀剖面示意圖

0 1 2 3 4 5   10 m.

图5-6 风帆车活动区景观剖面示意图

透明水彩对于大面积的背景有着无可替代的便捷性,利用排笔很快地铺陈出天空的色彩;草坡面上的风帆车是表现的重点;
消失点落于远方的海平面;利用零星的乔木植栽随机穿断海平面线,避免画面的单调;点缀人物与飞鸟以提高画面的生动感
与趣味性

卑南溪山里堤段景觀示意图

图5-7 卑南溪山里堤段景观剖面示意图

利用透明水彩自远而近,逐次渲染叠加而成。水体与土壤的切面以单色平涂;水面上的涟漪光影和坡面上的草地植栽,则是表
达的重点所在

图5-8　卑南溪利吉护岸景观剖面示意图

地面用干笔滚染方式表现天空的云朵与远山的层次；堤防护坡面上的框格结构依照光线的来向，适当给予阴影强调即可；靠近护岸边的浅滩，以干笔搭配钢笔表现出水面的禾本科植物，便能让平直的岸线增加些许变化与活力

图5-9　卑南溪南兴堤段景观剖面示意图

沿着堤顶蜿蜒的道路是控制整体景观的重点，因此，水岸的行道树虽然存在却刻意将树冠控制在上层，避免将道路完全遮挡；护坡上的植被光影与块石提升了水岸的魅力；远处的飞鸟也彰显着生态的诗意

图5-10 加典溪左岸一号堤段堤外景观剖面示意图
画面的构图与色块的笔触形成具有表现力的结构；水面的涟漪与水下的灰蓝色形成鲜明的对照；前景舟船的帆桅，刻意超出远处消失的水面线，使平直的画面多一分表现张力

图5-11　加典溪左岸一号堤段堤内景观剖面示意图

色调层次的把握与控制是本张画面的特点,以紫黑色勾勒出远树逆光的形象,既陪衬出远山的层次也顺势刻画出中前景树梢的轮廓

图5-12　鹿野稻叶堤段景观改善剖面示意图

蓝色调让整体画面显得清爽;溪床上的砾石框格依照单点透视的方式表现;远景利用浅紫色及蓝灰色让空间呈现深远的感觉;在前景刻意添加一株乔木穿透了剖线的范围,让画面显得活泼而极富戏剧张力

图 5-13　石湖低水护岸凸岸景观剖面示意图

蓝色与紫色暗示黎明时分的沁凉与宁静；河面上的光影与切面下的墨蓝色水底空间形成了鲜明的对照；河面上的船影、水岸的枯木与人物为画面增添了丰富的故事性

图5-14　鹿寮溪鹿寮堤防景观剖面示意图

黄红色调明确点出了黄昏时分；岸边的枯木与植栽是前景表现的重点，适当以修正液补强光感是不错的办法；背景的橘红色天空与远中景的紫色、褐色树木交织出和谐的美感

图5-15　水岸花田景观剖面示意图

马克笔的笔触展露出自信与熟练，天空笔触的方向与断面起坡的角度形成构图的平衡；花田及水面上的留白让画面显得更为轻盈；远处蓝天的云影与橘黄色的霞光交相辉映，也让天色带引到水面，使之呈现出对应的色彩；适量勾勒的钢笔线条将所有内容的重点强调出来

6 一窥绘画美术的堂奥 &
给设计师和创作者的忠告

  多数绘画美术的原理是相互融通的,特别是构图的原理、透视的原理、色彩的原理、光线明暗的逻辑……,基本可以说是"一通百通,一不通则一窍不通"。其间主要的差异在于媒材本身的差别而产生的差异,以及所要表现的内容主题。园林景观设计中主要运用的媒材包括针笔、签字笔、色铅笔、马克笔和水彩等,其中用于润色部分多以色铅笔或马克笔。

  不论是色铅笔还是马克笔其色彩运用原理与方法都与透明水彩息息相关,因为马克笔本身即是油性、酒精性或水性,在运笔时候的缝合效果与水彩的水分相似,仅仅是干燥的时间有所差异;而色铅笔看似无关,其实某些优质的色铅笔已发展为水溶性,换言之,可以借由水分的添加来进行晕染,因此,在许多讲表现法的书上经常见到教导人在"水性色铅笔"初步完成的作品上,再以毛笔沾水晕染而做出水彩表现的渲染效果。就笔者所见,其实大可不必;因为如果是要追求水彩表现的效果,当然是直接以水彩进行表现更能淋漓尽致了!

  为了充分说明水彩媒材技法及观念运用的关联性,也让读者充分比较设计表现和所谓艺术绘画间的异同,进而能够融会贯通而相互援引,笔者特在本书最后的章节中,呈现自己过去的一部分正式水彩绘画作品,并以图说方式加以评析,供读者观摩比较。凭良心说,在过去自己从学生时代到开始执业(景观设计)的头起五年的时间里,绘画的技术与观念协助我顺利完成设计的因果关系较为明显,但近期的五年间,我发现更多的设计创作和思考直接对我的美术绘画有所启发。我喜欢做设计也热爱绘画,事实上有关艺术和创作的事物我都兴趣浓厚,舞蹈、音乐、歌唱、文学……皆是。不可讳言,身为一名设计创作者,强烈的好奇心及乐于接触新鲜事物的性格,是不可或缺的素质。事实上,我从未见过一个对日常生活毫无激情、言语干涩又不喜欢学习新事物的人,可以把设计创意的工作做得很出色。

  在本章节我所挑选列举的绘画作品包括建筑、植物、动物与人物,这些题材在设计表现中可能或多或少都会出现,只是绘画与设计表现在技法运用和表现张力上有一定程度的差异。设计师把绘画当成业余的兴趣来接触钻研,相信会获得许多相辅相成的收获。

6.1 自然景物的艺术表现

这类透明水彩绘画主题首先需要把握自然界中花草、树木、块石、水体、天空、土地等的色彩与形式。光影、色感与笔触都只是技法上的追求,能够描绘出自然的动感与音韵,能够感染欣赏者,令其感受到潺潺溪水、惊涛拍岸、群鸟齐鸣的惊艳与美感,这才是绘画艺术所追求的境界。

图6-1 阳明漱石

石头的块面与阴影是表现的重点,利用洒盐方式让石头面上斑驳的苔斑显现出来;瀑布的白练必须先行以留白方式保留下来,再适当将水瀑的光影加以诠释;背景的植物用来衬托块石的范围与形态,必须做到既突显又协调才能达到美的境界

图6-2　莱莱海岸

礁石的块面与拍岸的浪涛是自然界的奇美景致，也是本图面表现的重点。透过明暗与色相的缝合表现了礁石的块面；借由笔触的变化与精巧的留白将浪花的形式与质感诠释出来；背景的天空色彩与浪花交互辉映，让画面充满动感和想象的张力

图6-3　候鸟争飞

画面中的所有白色都是透过留白方式呈现。一开始先以留白胶将鸟身及芒草中的亮点涂上；在表现天空及背景时，则以大笔触渲染，待底色干透后再撕去留白胶继续作画；鸟身及部分前景的芒草属于第二阶段表现，必须留意最终不能把留下的白纸本色全部盖满，适当地让高光呈现更能突显鸟羽的洁白和鸟身的立体感

6.2　人文与自然景观相互搭配的艺术表现

　　这类型的绘画主题则需要把握人文与自然的和谐共存。当然，真实的情况可能未必理想，但是在经营画面时，必须让观赏者感受到那一份安详与互融。基本的绘画技巧都是共通的，透过色彩和笔触的交流与穿插，让人文与自然充分结合，"天人合一"的效果便是绘画艺术追求的美妙境界。

图6-4 野溪游踪

林木的色彩、泛舟垂钓的闲适与华丽的水波倒影是作品表达的三处重点。它们借由背景大规模渲染的笔触和水面上下形式与色彩的呼应,揉合成为交相辉映的共同体,整体画面协调艳丽。船只左侧勾勒横伸的划桨,透空显露背景的色彩,还有右侧斜飞的钓竿,都增添了相当的趣味感与故事性

图6-5 校园的礼堂

标志性的礼堂建筑埋藏于法国梧桐大道的路底，深绿色的铜瓦屋顶在阳光照射下闪亮耀眼，块面及线角的转折符合素描的原理；几个门窗内的活泼色彩饶富意趣；以多色彩挥洒结合人影树影的把握表现出了单纯的柏油路面；几个动态的人物点景，让宁静的画面增添些许生动热闹的气氛

图6-6　银杏湖的深秋

天空及前景稻埂的铬黄色是以一次性大渲染完成,让整体画面洋溢着金黄的秋色;右上方的天空蓝与左侧的湖水构成画面平衡与巧妙呼应;透过留白与点染表达出了蜿蜒的田园小径;远处的斜顶农舍服膺明暗及透视法则;巧妙地利用几株大树、电线杆和人物打断(穿透)画面横向的结构,让横竖交织平衡,构图活泼有趣

图6-7　新店溪的美丽与哀愁

大面积的天空是表现透明水彩多色渲染的舞台；朦胧的远山和袅袅的炊烟饶富诗意；耸立的建筑群与横向背景交叠成趣；前景蜿蜒的溪水、倒影、沙洲、树丛与枯枝共同谱写着美妙浪漫的乐章

6.3 以建筑或人文活动为主体的艺术表现

这类绘画主题自然优先把握人文与构筑物的特点，让画面的主角突出，而陪衬的景致也应满足衬托与呼应的诉求，让观赏者感受到主题的张力与冲击力。描写构筑物或人文活动的故事性便是艺术表现的重点所在。在技巧方面，针对建筑物需要合理的透视与明暗关系，方能出色地传达空间感与立体感；而其他人文的痕迹则应围绕着空间的关系做成合理巧妙的布局。

图6-8 静安水上餐厅

两座两坡顶的水滨建筑及前景的亲水平台是画面的主题；前后建筑的色彩浓淡变化、屋檐明暗的层次、玻璃窗内的丰富色感等，将建筑体诠释得华丽生动；伞座下方和亲水平台上的人物点景，兼顾色彩及动态；背景的色彩笔触明快简洁；水面的倒影和涟漪暗示着岸上的景物及明朗的天气；整体画面营造出休闲与安逸的氛围

图6-9 云朵上的羌族山寨

城堡般的山寨是画面的主角，借由透视和光影的把握，使建筑物的立体感跃然纸面，透过背景蓝紫色调的大渲染处理，将前后景物衬托得淋漓尽致。背景山林的渲染时，故意用水分流淌的笔触，仿佛光线自天上或树梢泻下，神秘而灿烂

图6-10 假日的码头

利用华丽鲜艳的色彩将游艇及其乘客等主角表现出来；远景的紫灰色调和近景深蓝的水面都将主题强烈地衬托出来；中景航行的帆船及左侧垂钓的老人将画面的故事诠释得更为生动有趣；缆绳及部分的签名利用白色颜料，在湛蓝的水面上反白、使画面显得更生动更细致

图6-11 水乡夕照

利用黄色调表现水乡的夕阳与古韵；行船与波光摇曳的水面是画面的焦点；建筑的竖向结构与涟漪构成了交织平衡；远景朦胧的建筑、跨桥与树影,共同谱写着水乡的诗意

图6-12　梦里水乡

同样是水乡主题,透过色彩的安排,使画面增加些许华丽梦幻的质感;远景的朦胧与近景的描绘相得益彰;建筑与红色砖墙的倒影在水面波纹中摇曳生姿;整体画面除了华丽的质感还渗透着几分浪漫和神秘

图6-13　莺歌老街
大规模地潇洒渲染是本张画面的特点，在渲染的同时把握好留白的部分，之后配合干笔描绘即勾勒出生动的构筑形式与人物点景。湿笔晕染和干笔的飞白交相对照与辉映

图6-14　金门老街

设定的光线让巷道两侧的建筑墙面形成了亮暗的明显差异（左为暗墙右为亮墙）；在巷道中远处的人物着装古朴，象征着远去的旧时情景；而近处摩登的女子则暗示着老街今后面临文化与时尚的冲击与融合；画面的故事性给予观赏者更多的想象和思考的空间

图6-15 鸡鸣寺药师塔

建筑物的布局形成了U字形的构图,刻意让塔顶稍高,突显其雄伟,也强调出画面的主题;塔体建筑考量其六面体受光线照射的情况,利用铬黄、橘红、土黄、咖啡、青蓝和靛紫等色彩,将药师塔表现得绚烂耀眼,使主题构筑得以突显出来;中央的房舍以冷色调(蓝紫色)处理其退缩阴暗的区域,利用留白将其屋檐部分衬托出来;植物的穿插与渗透起到了柔化串联景物的作用

图6-16　南京朝天宫

黄褐色的基调色彩与枣红色的庙墙,共同营造出南京历史文化的厚重感;几棵乔木的空枝不仅与墙体构成画面的平衡,也与
人物点景共同诠释着隆冬的时节;在牌楼的门洞内即屋檐的斗拱下飞跃着异样的色彩,除了服膺光影的逻辑之外,也暗示着
宫内必然蕴含着精彩丰盛的文化盛宴

6.4 给设计师和创作者的十二点忠告

我从大学二年级开始,每年寒、暑假都在事务所里工读。在两年服兵役期间,也常利用休假期间,帮着做些零碎的活儿。当然,这中间多数机会都得之于师长的厚爱。退伍之后投入正式的景观设计工作迄今,在这二十多年不算短的实务操作历程里,和许多前辈和同事交换过一些执业的观念和处世的心得,自己感觉获益良多,加上一部分亲身的体悟,将之经典的部分集结出来,一共有十二条,录于本书的末尾,期望有志从事设计创作的朋友,可以从中获得些许激励与启发。

1. 设计创作需要智慧、勇气与毅力;但单靠恒心与毅力是不足以成就艺术创作的,它还需要智慧与才气。当然,寻求能够互补的合作伙伴,不失为迈向成功的捷径。

2. 不论画画、作设计或是操作项目,提笔需要勇气,收尾需要智慧,而中间的过程则需要三个条件:

(1) 冷静的决策;

(2) 燃烧的热情;

(3) 忘我的专注。

3. "新奇"并不足以成为创新的好作品,它还必须"感人"甚至"隽永"。

4. 好作品应该是:

(1) 结构简单,层次丰富;

(2) 主题鲜明,意涵深刻;

(3) 似曾相识,却耳目一新;

(4) 仿佛一眼便可以看完,却是一辈子也体会不尽。

5. 在进行设计表现的时候,应该要让人看出豪气却不失细腻。可以用些时间经营处理,但却要让人感觉是瞬间一气呵成的。

6. 别老把"技巧"和"观念"看成两回事,它们经常是密不可分的。

7. 丰富是美,单纯也是美;细腻是美,豪放也是美。关键在于是否打动人心,触动情感,并与众不同。

8. 韵律是无法打稿或规范化的,它往往只能随机表现;同样的,动感、气势与灵气也不能打稿,因为它是创作者当下的机智。机智从何而来,它在岁月中磨砺、积累,随经验而沉淀。

9. 高手过招,决定胜负的是意念与风格;低手过招,光从技巧就可以分出高下了。这么说,并非表示技巧不重要,而是更加证明技巧对高手而言,早就是必备的工具条件了。如果连基本的专业技术都无法把握,那根本就不适合上场比试。个人如此，单位亦然。

10. 刻意的技巧呈现虚假的情感；夸张的情节带来不安的心灵；过量的设计流露贪婪的企图；花哨的形式彰显庸俗的品位。

11. 空间层次远比细部的小趣味重要得多。空间就是骨架，它和整体配置布局有关；而小趣味则包括了细部造型、材质与色彩……优秀的骨架，即使有少量的细部缺失，也可能给人一种"瑕不掩瑜"的感觉；但是再花俏的细部处理也挽救不了空间布局失当的大局。

12. 景观设计师要像哲学家一般思考环境和生命的哲理；像文学家一般铺陈主题意义；像音乐家一般处理节奏韵律。

结语

　　绘画技巧经常是设计时的有力工具，一部分的美术理论和观念，也确实能协助设计工作，使之执行得更圆满、更成功。但仍需要提醒的是"设计绝不单单是绘画表现"，设计的成功与否，并不是由图面表现的技法来决定。我们所执行的项目设计是否成功，应该看作品被建造完成之后，经过一段时间考验，委托者及多数使用者是否觉得满意，方能够定夺。说起来有些悲哀，身为设计师经常有自认为挺满意的设计，但在完成之后，甲方(业主)的反响却不如预期；当然，也有原先推估不太理想的作品，而使用者却出乎意料地捧场，甚至延伸出原来没有设想到的理解与定位。这么讲当然不是替设计师推卸责任，相反的，设计师承担的责任不仅仅是设计操作的过程，它更无休止地延展到完成后的使用阶段。负责任的设计师(单位)，经常不定时地回访自己曾经完成的作品的使用情况，适时地给予业主必要的建议，一方面对项目负责；二方面砥砺自己，朝更成熟的目标前进。

　　不确定性固然使设计的难度提高，同时它也为这份辛苦的职业增添了更多的可能性与各种美妙的期待。当然，景观设计工作仅仅靠期待好运是不够的，设计师必须尽可能地掌控局面，特别是设计表现的方法，它有其客观的技巧与逻辑，这也正是学习者必须优先学习的部分，而主观感性的特点与风格则为次要。严格地说，表现法并无所谓风格上的"标准答案"。设计师也无须过分追求风格上的树立，只要掌握客观的技法与观念，依照原理持续发展衍生，个人表现的风格与特点会在熟练之后自然涌现。也只有自然涌现的表现风格，才不会显得矫情与做作。

　　学习或提升手绘表现，不单单为了达成直接绘制设计图面的技巧水平，它同时也在培养设计师对于所有美的形式、色彩、光影和质感的理解与把握。作为景观设计工作者，肩负着创造与守护景观环境美质与美感的责任，我们应该不断地练习、尝试、观摩与反省所有美感呈现的道理与方式，才能不断增强自己审美与艺术判断的能力。

我从小跟随父亲 秦仲璋先生学习绘画。他不仅是一位专业画家、一位艺术导师,还是一名专业的广告设计师。他曾在广告策划公司做了16年的设计工作,从助理设计师,一直做到设计部经理、公司协理。据我所知,曾经在台湾十分畅销的野狼机车、蜜斯佛陀化妆品、丽婴房婴儿用品、耐吉(NIKE)运动用品、天仁茗茶等许多知名产品的广告策划都是由父亲主笔。直到今天,我空暇回家的时候,还经常与他讨论许多艺术与设计方面的问题,虽然有时候我们看法并不一致,但是他经常能给我一些启发,此书的不少想法就得益于父亲的言传身教。

计划出这本书已经超过十年了,在这不算短的时间里,自己除了从事景观设计工作之外,也完成了博士学位的攻读,在东海及文化大学任教兼课,并固定每年不少于两次参加国内外水彩画展览。原本确实担心出版之日遥遥无期,但是在家人的支持、几位好友的鼓励,加上出版社姜编辑的敦促之下,终告完成。回想起来实在不容易。庆幸当年在学校任教时还算认真,很多设计表现的教材、教案都已系统归纳;加上这几年参与和负责设计项目,借由亲自操作,积累了一定的作品实例,可以说是原料具备,就差下锅烹煮了。但话说回来,这场烹煮还是煞费苦心,比原先想象的情况复杂许多,好在自己对已经决定的事情,向来没有放弃的习惯,不怕完成的时间晚一些,就怕没有在往完成的路上前进。

回想大学期间,经常有朋友或老师赞许我的设计作业,"图面表现很好"。说实在,当时我并不真的开心。因为我一直认为,作为景观设计者只有当别人称赞"设计做得很棒!"才是真正的了不起。私底下我也告诉周围的好友"我因为表现法熟练,应该有条件花更多的时间和精力去思考设计",而我也确实在这么做。迄今我仍然认为"花时间思考设计比单纯画设计图更为重要!"只是这一观念,如今更加上了进一步的注解,那就是"如果借由绘图能够帮助设计思考,那样的绘图表现就和思考一样有价值!"

内 容 提 要

景观的设计与表达是相辅相成的，设计的各个阶段都需要不同的表达。本书力图将设计和表达有机结合，而不是单纯介绍表现方法、技巧。按照"树立观念——掌握技巧——创造佳作"这一过程建立全书框架，结合景观设计的各个阶段逐步传授所需的表现技巧，并配上作者所创作的许多手绘表现佳作，以便读者学习参考。

图书在版编目（CIP）数据

手绘，你hold住了吗？：园林景观设计表达的观念
与技巧/秦嘉远著. ——南京：东南大学出版社，2012.7
 ISBN 978-7-5641-3348-1

Ⅰ. ①手… Ⅱ. ①秦… Ⅲ. ①园林设计：景观设计
Ⅳ. ①TU986.2

中国版本图书馆CIP数据核字（2012）第024097号

手绘，你hold住了吗？：园林景观设计表达的观念与技巧

出版发行：东南大学出版社
社　　址：南京市四牌楼 2 号　邮编210096
出 版 人：江建中
责任编辑：姜　来
网　　址：http://www.seupress.com
电子邮件：press@seupress.com
经　　销：全国各地新华书店
印　　刷：利丰雅高印刷（深圳）有限公司
开　　本：889mm×1194mm　1/16
印　　张：11
字　　数：205千字
版　　次：2012年7月第1版
印　　次：2012年7月第1次印刷
书　　号：ISBN 978-7-5641-3348-1
定　　价：88.00元
